她与家系列

今天如何做妻子

祝平燕　黄珍伲
张　珍　◎编著

上海市学习型社会建设服务指导中心◎主编

学林出版社　　上海人民出版社

丛书编委会

主　　任：王伯军

副　主　任：陶文捷　彭海虹

编委会成员：王延水　夏　瑛　姚爱芳

　　　　　　贾云蔚　蔡　瑾　沈建新

　　　　　　徐志瑛　杨　东

目 录
Contents

今天如何做妻子 她与家

总　序

电视剧《那年花开月正圆》，既好看又充满正能量，第七十二集的重头戏是办女子学堂。由孙俪扮演的周莹说了一段话，十分经典："让女孩子接受教育，其实比男孩子受教育更重要。一个男孩有知识有见地，那不过是他一人得利；而女孩都会成为母亲，成为一个家庭的主心骨，甚至是一个家族的支撑，那她一人的知识见地，那就是全家之福，甚至是全民族之福。"

的确，母亲对子女的影响力要比父亲大得多。我国著名儿童教育专家陈鹤琴先生认为，父母与儿童的关系，分别地讲述起来，母亲和儿童更加亲密。因此，母亲教育和儿童教育的相关度也格外高。儿童在没有出世前十个月，早已受着母亲的体质和性情脾气的影响，出世以后一两年中间，无时不在母亲的怀抱，母亲的一举一动，都可以优先地影印入儿童的脑海，成为极深刻的印象。陈鹤琴先生

强调："母亲如果受过良好的教育，她的习惯行动自然也就良好，在日常生活中间，她的儿童就会随时随处受到一种无形的良好教育；反而言之，如果母亲的习惯行动不好，她的儿童就随时随处受到种种不良的影响。俗语说得好，'先入为主'，'根深蒂固'，母亲教育与儿童教育的关系，也就可想而知了。"

晚清民国时期的印光大师更是强调了母教的作用："印光常谓治国平天下之权，女人家操得一大半。良以家庭之中，主持家政者，多为女人，男人多持外务。其母若贤，子女在家中，耳濡目染，皆受其母之教导，影响所及，其益非鲜。""人之初生，资于母者独厚，故须有贤母方有贤人。而贤母必从贤女始。是以欲天下太平，必由教儿女始。而教女比教子更为要紧。以女人有相夫教子之天职，自古圣贤，均资于贤母，况碌碌庸人乎。若无贤女，则无贤妻贤母矣。既非贤妻贤母，则相者教者，皆成就其恶，皆阻止其善也。""以孟子之贤，尚须其母三迁，严加管束而成，况平庸者乎？以治国平天下之要道，在于家庭教育。而家庭教育，母任多半。以在胎禀其气，生后视其仪，受其教，故成贤善，此不现形迹而致太平之要务，惜各界伟人，多未见及。愿女界英贤，于此语各注意焉。"

印光大师专门解释了"太太"二字的含义。"世俗皆称妇人曰'太太'，须知'太太'二字之意义甚尊大。查'太太'二字之渊源，远起周代，以太姜、太任、太姒，皆是女中圣人，皆能相夫教子。太姜生泰伯、仲雍、季历三圣人。太任生文王。太姒生武王、周公。此祖孙三代女圣人，生祖孙三代数圣人，为千古最盛之治。后世称女人为'太太'者，盖以其人比三太焉。由此观之，'太太'为至尊无上之称呼。女子须有三太之德，方不负此尊称。甚愿现在女英贤，实行相夫教子之事，俾所生子女，皆成贤善，庶不负此优崇之称号焉。"

可见，母亲在子女成长中的作用极为重要。毛泽东和朱德之所以能心有百姓，胸怀宽广，与其母亲的身教言传是分不开的。毛泽东的母亲文七妹 1919 年在长沙去世，终年 53 岁，毛泽东专门写了一篇《祭母文》，追述了母亲的"盛德"："吾母高风，首推博爱。远近亲疏，一皆覆载。恺恻慈祥，感动庶汇。爱力所及，原本真诚。不

作诳言，不存欺心。""洁净之风，传遍戚里。不染一尘，身心表里。五德荦荦，乃其大端。"朱德的母亲钟氏1944年以86岁高龄辞世，朱德写下了《母亲的回忆》，发表在1944年4月5日延安出版的《解放日报》上。"母亲最大的特点是一生不曾脱离过劳动。母亲生我前一分钟还在灶上煮饭。虽到老年，仍然热爱生产。""我应该感谢母亲，她教给我与困难作斗争的经验。我在家庭中已经饱尝艰苦，这使我在三十多年的军事生活和革命生活中再没感到过困难，没被困难吓倒。母亲又给我一个强健的身体，一个勤劳的习惯，使我从来没感到过劳累。我应该感谢母亲，她教给我生产的知识和革命的意志，鼓励我走上以后的革命道路。在这条路上，我一天比一天更加认识：只有这种知识，这种意志，才是世界上最可宝贵的财产。"

习近平同志强调："中华民族自古以来就重视家庭、重视亲情。家和万事兴、天伦之乐、尊老爱幼、贤妻良母、相夫教子、勤俭持家等，都体现了中国人的这种观念。"关于"相夫教子"，印光大师说："女人家以相夫教子为天职。相，助也。助成夫德，善教儿女。令其皆为贤人善人，此女人家之职分也。"特别是"教子"，母亲的言行至关紧要，往往可以影响一个人的一生。习近平同志说过："中国古代流传下来的孟母三迁、岳母刺字、画荻教子讲的就是这样的故事。我从小就看我妈妈给我买的小人书《岳飞传》，有十几本，其中一本就是讲'岳母刺字'，精忠报国在我脑海中留下的印象很深。"

所以，母亲的责任重大，有人认为，母亲对子女成长的影响占据 80%。母教不好，后果严重。我从小就听长辈讲一个故事。有一个男子因盗窃杀人被判死刑，临刑前，他要求跟母亲见一面。见面的时候，他突然对其母亲说："你将耳朵凑过来，我要跟你说句悄悄话。"那位母亲就将耳朵凑到了儿子的嘴边。谁知这位儿子一句话没说，上去死死咬住了母亲的耳朵，硬是将耳朵咬掉了半个。儿子恶狠狠地对母亲说："如果我当初小偷小摸时，你揍我、管我，我就不会一步一步走向犯罪。今天这个结果，都是你一手造成的！"这个故事的真实性无法探寻，因为长辈也是听来的。但是这个故事却告诉我们一个道理，母亲是影响孩子一生的关键。

　　网上曾经疯传一篇小孩子写的作文《我的妈妈》。"我的妈妈不上班，平时就喜欢打牌和看脑残的电视剧，一边看还一边骂，有时候也跟着哭。她什么事也做不好，做的饭超级难吃，家里乱七八糟的，到处不干净。""她明明什么都做不好，一天到晚光知道玩儿，还天天叫累，说都是为了我，快把她累死了。和我一起玩的同学，小青的妈妈会开车，她不会；小林的妈妈会陪着小林一起打乒乓球，她不会；小宇的妈妈会画画；瑶瑶的妈妈做的衣服可好看了。我都羡慕死了，可是她什么都不会。我觉得，我的妈妈就是个没用的中年妇女。"

　　这个母亲是不合格的，这个孩子的价值观也有点偏。父母是原件，孩子是复印件。所以，严重的问题是教育父母。"怎么做父亲"需要重新学习，而"怎么做母亲"更须从小培养。印光大师说过："教女一事，重于教子多多矣。""有贤女，则有贤妻贤母矣。有贤妻贤母，则其夫其子女之不贤者，盖亦鲜矣。"古代社会，男耕女织，现代社会，男女平等。男女平等的实质是权利的平等、地位的平等、机会的平等。强调男女平等，并不否定男女之间的分工，在子女教育中应突出母亲的关键作用。优秀的母教，是中国未来之希望，"她与家"这一课题更应得到关注。

王伯军

上海开放大学副校长

上海学习型社会建设服务指导中心副主任

TA YU JIA

妻子与『贤』『慧』

　　夫妻相处之道，其实就是一部为妻之道。传统社会女性社会地位低下，婚姻这一两方共同参与的关系中社会对妻子的约束和要求远远多过丈夫。家庭兴衰，女人在其中发挥着重要作用。理想的妻子兼具"贤"与"慧"，"贤"是品性，是仁、孝、慈、顺的品德；"慧"是才智，指个人的学识修养和思想境界。一味强调恭顺而忽视在思想上与男人并驾齐驱，夫妻二人最终只会相对无言，无法再走进对方的心里；聪慧能干却性格自我，难以推己及人相互体谅，家庭便成了博弈的战场。为妻之道，无非是妻子要兼顾"贤"与"慧"，把握好两个维度，在注重自我成长的基础上维系好夫妻及家庭关系，有奉献精神的同时不失自我的底线。做一个"好女人"既要有传统的美德，又要展现现代女性独立、自主、自信的气质，究其根本，无非是先爱惜自己，再爱他人。

故事 **1**

全心全意却换不来长情陪伴

望着店门口进进出出的大学生，靠坐在打印机旁费尽功夫哄幺儿吃饭的正芬却怎么也高兴不起来，巨大的疲惫笼罩着她，好像被放在蒸锅里，闷得透不过气来。她不停地回头偷偷观察自己的丈夫，只见他和来打印的学生说说笑笑，心里很不是滋味。

那是 12 年前，那年正芬刚刚 18 岁，在王岗村的一间小院里，父母十分得意地对待出嫁的女儿说："如果不是我们俩疼惜你，早叫你和隔壁丽梅一样十五六岁中专一毕业就谈个人家嫁了。"穿着白婚纱披着红盖头的正芬心里却不屑一顾："说的好像我从那个村书记侄子办的破烂中

专毕业以后享了几年福似的，要不是家里还有一个小 2 岁的弟弟，只怕我早就被卖给了哪家吧……"心里虽愤愤难平，面上却也不恼，毕竟和村里其他中专同学相比，她嫁了个"好人家"，自然是得喜气洋洋——丈夫是外省镇上的，家里三兄弟，两个哥哥都有自己的小买卖。她是在广州服装厂打工的时候和丈夫认识的，那时两人是先后进厂的工人，年纪相仿，一来二去就好上了。家里得知正芬的男朋友是外省的，还不大瞧得上，婚事拖了半年，最终还是男方爽快地送来 5 万块的彩礼，这婚事才算拍板。

接新娘子的轿车颠簸地行驶在乡村的土路上，正芬望着远去的故乡，心中默念起妈妈前一晚和她在床边的促膝长谈："女孩子家既然嫁了丈夫就得把他当作你的天，万事得先顾着家里的男人……""结婚以后赶紧要个孩子，不要觉得还没有玩够，结了婚，就得先有个家，只有孩子才能稳固你的地位，尤其是他家还是三个兄弟，你一定要生个儿子，不然以后在他家怎么抬得起头……""都结婚了，就别想着那些什么事业啊、未来啊、价值啊，去城里打了几年工，尽学些不靠谱的！女人把自己老公牢牢抓在手里就是最成功的，你看那些女强人啊，个个都没落到好……""在家里做人要低调，老老实实地把家务做好，把你老公的工资管好，老的小的顾好，不怕男人心不在你身上……"那时的她满心欢喜，也自信得到了妈妈的"真传"，以后的人生便一帆风顺了。

"哎，你就不能帮忙去买个青菜回来吗？我今天累了一天，你还在这玩手机。"正芬冲着躺在出租屋内的丈夫大吼一声，她实在是扛不住了，在店里看门还要照顾两个小孩子耗尽了她的耐心，她今天不想做晚饭，人都有犯懒的时候。丈夫抬头只是看了她一眼，继续盯着手中的视频，随口说道："随便吃点呗，天太热了我也不想动了。"言下之意，还是指望老婆。她像是忍受到了极限，恨恨地把手里提着的馒头袋子往桌上一掷，拿起桌上中午剩下的菜盘子往屋外走去，一边走，眼泪止不住往下淌，变了，世道变了，人心也变了。

结婚三年，正芬生了两胎，都是女儿。这几年她都待在家里带孩子，哥嫂家的几个侄子也寄养在家里，除了侍奉公婆，她还得对付几个正处在淘气顽皮年龄的小崽

子。与身体上的疲劳相比，心理上的负担真正压得正芬喘不上气。第二个女儿玲玲出生时，在医院产房里公婆一听说又是个女孩，头也不回地回了家。等到孕妇大包小包回家了，婆婆和公公没说什么，只是暗示家里的孙子带不过来，小两口的孩子只能帮他们带一个，另一个就让他们带着一起去打工的地方。正芬听了也没和老人闹，她知道，是自己的肚子"不争气"。一气之下，她和丈夫决定拿出积蓄学大哥去大学城开打印店。几经辗转，他们在一个教工宿舍片区租下一个破旧的违建门面，带着从镇里买来的二手打印机，开始了自己的老板生涯。正芬原以为好日子就要来了。这片职工宿舍属于一家师范院校，正好也紧邻学生宿舍区，来来往往人流量大，生意虽是小本买卖但是顾客多，收入比在工厂里苦熬要来得容易，正芬想着能当上个小老板娘也是不错的。一天午饭时间，正芬带着打包好的饭菜来店里给丈夫，刚好看见丈夫和一个学生模样的女孩子相聊甚欢。那女孩穿着时下流行的裙子，一头卷发，知性又可爱。那一瞬间，不知怎的，正芬心里觉得难受又怪异。她旁敲侧击道："和人家大学生这么有话题聊，怎么不见你平时和我多聊聊呢?"丈夫盯着 Word 界面边操作边说:"你和他们那些大学生能比吗? 和你说不到一起去, 哎, 还是有知识、有文化好。"这一刻, 正芬才仿佛突然醒悟, 为什么结婚这十几年来, 两人之间的隔阂似乎越来越大。在城市的十年, 她的丈夫开始变了。正芬坚信, 是城市的花花世界, 让原来那个非她不娶的男人变得对她不管不顾。自己这么多年来含辛茹苦地养育几个孩子, 还拼死拼活为他生了个儿子, 到头来还是得不到自己想要的承认。到底要如何, 才能成为一个好妻子?

议一议

　　故事贯穿了正芬从出嫁到进城的十几年, 这是一个女人人生中最重要、最深刻的十几年。在这十几年中, 正芬从女孩变成了妻子, 变成了母亲, 变成了儿媳, 这是一个女人生命中最深刻的转变。故事的最后, 正芬叹息丈夫的"心变了", 两人之间再也不能平心静气地"多聊聊", 她担心店里进进出出的打扮漂亮洋气的学生们迷了丈夫的眼, 心里种下了怀疑的种。看到这里, 读者大概会觉得正

芬真是没有遇到一个珍惜、爱护她的"好老公"。事实真是如此吗？

正芬的为妻之道来自母亲的朴素经验之谈，也是许多家庭对自己女儿、儿媳的要求：勤俭、持家、孝敬长辈、顺从丈夫、安于家室。正芬结婚十多年来也一直这么践行。时至今日，中国社会大背景下，对妻子的角色要求依然离不开"贤妻良母"的古训，传统为妻之道最核心的内涵依然是约束女子以服务于家庭。当然，"家庭"指丈夫这一边的家庭成员。母亲三令五申的"妇德"不是要求女儿有才干和聪明，而是要求女儿品行端正，动静得法，最重要的是有知耻之心。正芬的父母并没有将女儿培养成为具有现代独立意识的女性，正芬在青年时期即使内心不满父母迂腐的想法，也只敢在内心抱怨，不敢抗争，更没有主动争取的觉悟。正芬用自己的实际行动证明她其实十分认同"女人一生最重要的事业就是嫁一个好老公"的观念。

如果正芬夫妻俩没有进城，两人的日子或许会和自己的父辈一样过得虽紧巴但也过得去。从小城镇到大都市，夫妻二人的生活方式、价值观皆受到不同程度的冲击。正芬的丈夫很早便到城市务工，之后便来到大学城开打印店，长期的生活经历使得他逐渐接受了一些现代性的思维。一方是已经逐渐接受现代两性关系的丈夫，另一方是仍然坚守传统为妻之道的妻子，孰是孰非？只能说，婚姻没有对错，只有是否合适，而女人自己一定要明白，保持自己的人格独立是应对婚姻风险的一道保险，毕竟有趣的灵魂才是婚姻最好的保鲜良药。

你变得"更好"了，我们却走远了

　　嘉仪是一个很有自己想法的女性，在工作上张弛有度、果敢利落，在生活中也习惯掌握主动权。28岁时她嫁给了做销售员的老公，彼时两人都处于事业的上升期，因为二人的婚事，嘉仪差一点就被列入公司的裁员名单。因为那段时间行业大环境不景气，嘉仪在这时选择结婚，公司不得不考虑她怀孕生子的可能性，毕竟公司也不想白白养一个休产假的员工。在这关口，婆婆却以嘉仪年龄大了赶紧要个孩子为由，劝她干脆辞职回家专心备孕。一天晚饭后，婆婆试探着开口："嘉仪呀，我听说你上司跟你谈了关于裁员的事情，我和你爸爸是这么想的，你年龄毕竟也大了，不如就先把工作上的事情放一放，先要个孩子吧！"嘉仪为工作的事情本来就窝火，情绪便有些收不住："妈，我现在在部门干得好好的，怎么能说辞职就辞职呢？何况我现在辞职了，生孩子后过一二年，重回职场就难了啊。"嘉仪丈夫眼看她语气冲了，害怕两方吵起来，便赶忙打圆场："嘉仪也是不容易，好不容易得到现在上司的赏识，相信过几年一定能晋升到管理层，怀孕的事情还是先缓缓吧。"丈夫能够体谅自己，这比什么都让嘉仪感到安心。

大女儿6岁的时候，国家开放二胎政策，丈夫私下和嘉仪商量："老婆，你看现在国家允许二胎了，我们家大宝也已经上小学了，要不再怀一胎吧？"嘉仪心里也不是没有动过这个念头，只是依然还有一些现实的顾虑："我不是没有想过再给咱们大宝添一个弟弟或妹妹，但是你自己看看，我们刚刚有大宝时你天天在外面跑业务，晚上也总是应酬，孩子就我一个人带。你知道养大一个孩子有多难吗？"对面的男人手摸着下巴，这是他心里感到不安时的习惯性动作。从心里来说，他是非常尊重妻子的意

见的，家里的大事小事都是和这位贤内助有商有量，不过这一次，身边的亲友都开始怀二胎，他确实心动了："可是你看我们现在事业上相对稳定了，二老也还想抱个孙子，我也觉得大宝有个弟弟陪着，以后成长也不会孤单，这是一举多得的事情啊。"他心里其实也明白自己妻子的担忧，在过去的几年里自己总是以工作为借口拒绝改变，因为改变自身几十年养成的观念和习惯是一件非常痛苦的事情。一直观察着丈夫反应的嘉仪开口道："其实，你也不必那么纠结。目前来说，你我的事业都进入了稳定阶段，我也不像 7 年前那样一心想着晋升，年龄也还在适宜怀孕的范围内，但是我希望你……"男人听着妻子体贴的话语，终于像是下定了决心："嘉仪，我知道你最需要的是什么，我知道养育孩子是两个人的事情，不能只单方面要求你付出。我承诺，在你怀孕以后，我有什么坏毛病，都改！"嘉仪听到丈夫的承诺，心里确实十分惊喜，如果生二宝能让这个总是在外面拼搏的男人收敛心性，磨一磨脾气，也不枉自己怀胎十月的辛苦。

嘉仪怀二胎期间，没有像怀大宝时那样一边工作一边养胎，这一次她真的想要收心好好经营自己的家庭了。怀孕初期，医生告诫陪护的丈夫要以科学健康的方式照顾孕妇的饮食起居，同时还要注意孕妇的情绪变化、心理疏导及家庭关系的维护。如愿怀上宝宝的前三个月，丈夫确实表现得与平常不同，烟从来没在嘉仪面前抽过、在外面做销售应酬的次数直线下降、每天忙完一天的工作早早地回家、周末的时候甚至还会自觉地做做家务给老婆减轻一点负担。看着丈夫的种种转变，嘉仪心里觉得非常幸福，她感慨也许自己不总是那样强势，早一点以这个小家庭为重心付出一些，夫妻二人的感情可能会更加甜蜜，家庭关系也会更加和睦。怀孕三个月危险期过后，原先和谐的氛围出现了波动：丈夫又开始在外应酬，对待家里的事情也开始不上心，一天晚上因为丈夫一边抽烟一边玩网游导致嘉仪与他大吵一场，二人为此冷战了一个星期。

嘉仪知道丈夫本性难移，仅仅依靠内在自我约束很难完全改变，因此她决定采取一些行动，让丈夫真正从观念上做出改变。嘉仪对丈夫摊牌道："为了孩子着想，我不

想天天和你争吵。这样吧，既然你觉得自己的休闲时间这么重要，那就这么办：你抽一根烟，我买一瓶眼霜；你醉酒一次，我买一个包；你夜不归宿一次，我上一次美容院做一套全身美容。"丈夫听到嘉仪这么较真，也怒了，但是其实他不相信嘉仪真的会这么做，因为嘉仪在家一直都是非常贤惠，不会这样肆意浪费，因此也没把这话当真。然而，再明事理的女人也会有一意孤行的时候，嘉仪真的按照自己说的这么做了。夫妻二人这样相互"惩罚"，最终还是丈夫拗不过一大一小，为了妻子和她肚子里的孩子不情不愿地改变自己身上那些不符合嘉仪价值观的"坏习惯"。自此那不落家的游子开始向居家好男人转变。为了照顾家庭，不再和十几年交情的老朋友们出门聚会、不再拼命加班拼业绩只求安安稳稳就好、会按照妻子的习惯购买居家用品、会迁就妻子的喜好。

但在这样喜人的转变背后，夫妻二人却似乎越来越相敬如宾。有时看着丈夫落寞地坐在沙发上的背影，嘉仪会反问自己：为何他变得"更好"了，我们却离得更远了？难道是我做错了什么？

议一议

　　和上一篇故事里面的女主角不同，这个故事中的妻子嘉仪更加具备现代女性的各种特征：是一位非常优秀的职业女性，接受系统的学校教育，自主自愿地与丈夫结合组成家庭。现代女性主义倡导的核心观念是：女人应当首先独立自主，而后才是扮演好在家庭这个独特领域中的特定角色。毫无疑问，嘉仪在女性自主性这方面做得非常出色，然而现代女性的家庭生活依然会出现各种各样的问题，一味地坚持己见是否真的就有利于家庭和谐呢？

　　答案是否定的。一个家庭本质上就是家庭成员之间关系的维系，从理论上来说，夫妻关系的影响因素是夫妻双方，然而在中国社会，夫妻关系常常受到其他家庭成员因素的影响。在嘉仪的这个小家庭中，丈夫的双亲、二人的孩子成为了夫妻二人关系转变的重要因素。嘉仪与丈夫之间第一次危机的爆发，就是围绕着"是否应当在合适的时间生育"，如此私密的夫妻话题参与者却有三个人：嘉仪、丈夫以及婆婆。两代人对女性的人生定位差距导致了一次

家庭矛盾的爆发，婆婆罔顾媳妇正处在事业重要机遇期的事实，一味要求她履行生儿育女的母职，嘉仪则是强硬地反击。两人都站在自己的立场而不愿为对方着想，最后是丈夫站出来，为妻子这一边增加了胜利的砝码。第二次博弈也是关于生育。这一次，嘉仪与丈夫掌握了这项私密事项的决定权，第三者不再直接干预。在嘉仪与丈夫的协商中，不难看出，是否生育二胎取决于嘉仪自己是否愿意。嘉仪没有明确表示自己的态度，但是却提出了"如果你按照我的要求改变自身，我就考虑要二胎"，实际上这是附加条件，在付出的同时要求回报。第三次冲突是在怀二胎期间，夫妻二人已经难以心平气和地协商讨论，嘉仪想要通过采取"报复性"手段来赢得博弈，博弈的最后丈夫屈服了，但是夫妻二人也渐行渐远了。

在夫妻关系中，嘉仪毫无疑问是争取占据主动的那一方，她也毫无疑问是一位非常聪慧的妻子，她不因追求贤惠而为丈夫牺牲一切，她善待自己、给自己保留一份自尊自重，她为自己留出了独立的空间，她专注于做自己的事情来提升人生的价值与成就。但是在处理夫妻关系的时候，她太过于独立、专断，要记住：女人需要在夫妻关系中为自己留下空间，但是过犹不及，过于"慧"而忽略了"贤"，夫妻二人便难以同心同德。

（顾若兰）

TA YU JIA

CHAPTER 02 第二章

妻子与为妻之道

　　当一个女婴呱呱坠地，她便开始被教育"如何做一个好女孩""如何做一个好女儿""如何做一个好女人"。女性在不同的人生阶段被要求具有不同的女性气质：当年轻时，人们赞美天真可爱的女孩；在成家后，女性便被要求回归家庭，将家庭利益置于个人价值之上。男女有别，固然有生理上的区别，更重要的还有在成长过程中潜移默化地接受的被差别对待的性别观念。也即是说，性别更多是社会构建的产物，社会文化对性别差异的塑造中蕴含着性别不平等的传递。何为"好女人"？在依旧以男权为主导的社会中，"好女人"只能是顺应和迎合男性需求的产物，而不会有利于女性的自我实现。做一个"好女人"最重要的是使自己处在一个舒适的生活状态，在为丈夫、子女付出的同时，不丧失自我，有独立的人格和独立的经济支撑，从容优雅地追寻人生的价值与意义。

你要的不是女人，是个神人

　　明天就是七夕情人节，梦瑶却没有像往年一样兴奋地张罗准备，望着一片寂静的房间，她痛苦地捂住脸，泪水顺着脸颊无声地淌下。吸气、吐气，她反复调整自己的情绪，拿起手机准备拧开房门把手。突然，手机来电提示传来独特的嗡嗡声，梦瑶看了一眼来电显示：妈妈，她无奈地垂下扭着门把手的手，接起电话："妈，有什么事吗？……嗯，我和明舒还好……哎呀，别瞎想啦，真的没有什么，他那样我都习惯了……嗯嗯，我会照顾好自己的。宝宝最近都很活泼，哎呀，别担心啦，我挂啦……"母亲的问候抚平了梦瑶激动、暴躁的情绪，她无助地抱住

头顺着墙滑坐在地上："明舒，我要怎么做你才满意？"

梦瑶前二十年的人生顺风顺水，从小被父母富养长大，顺利地考入本省一所 985 高校，毕业后在一家外资企业担任 HR。和许多从外地来此打拼的女孩不同，梦瑶并没有什么生存压力，父母的积蓄为她提供了物质无忧的生活，在工作上她也没有特别大的野心，只是希望能够有一份体面、舒适的工作，然后嫁一个她爱的、也爱她的男人度过此生。一次公司跨年年会上，她邂逅了那个打动自己心的男人。爱情汹涌而至，她完全被冲昏了头脑，和认识不到三个月的男友明舒举办了婚礼。

两人刚刚结婚那段正是蜜里调油的蜜月期，梦瑶本来就有些娇气，即使结婚了也依然和谈恋爱时一样嘻嘻哈哈，希望丈夫明舒和谈恋爱时一样时时刻刻把自己当公主宠着。丈夫明舒对此常常感到无奈，但是看到一脸娇憨的妻子，还是承受下这甜蜜的痛苦。婚后，两人为了工作方便，打算重新购买一处独立房产。在咨询了一个月左右，梦瑶和明舒终于敲定了一处商品房。梦瑶和丈夫商量："明舒，我觉得这套房子挺适合的，户型好，楼层也比较合适，离公司也就半个小时车程，以后我们两人上班也方便。"明舒也觉得这套房子不错，但是自己母亲的话在脑内盘旋，他很犹豫该不该按母亲的建议来办："梦瑶，我觉得这套房子硬件上都没什么问题，但是价格，我觉得稍微有点吃力啊。"梦瑶说道："我知道你家里没有那么多钱一次性付全款，我们可以先付首付，剩下的月供，其实压力也不算大。"丈夫此刻有些犹豫地开口："其实吧，让我出全额首付还是可以的，但是我妈说房产证只能写我和我妈的名字。"梦瑶听到丈夫的打算，心里怒气翻腾，她连夜和母亲联系，刚说了几句就被明舒抢了手机，明舒急急忙忙地和岳母解释，梦瑶只听到母亲在电话里轻蔑一笑："你不是那种人？那哪种人会提出这种无理的要求？我看你们一家都不是好惹的！"梦瑶听到母亲越说越难听，心里还是过意不去，就把电话抢过来安慰了母亲几句就挂了。梦瑶斟酌着开口："明舒，我是真的想拥有一个自己的家，你难道不是这样想的吗？实在不行，我们家出一半的钱，房产证上写我们夫妻两个的名字，这样行不行？"明舒在一旁坐着，不耐烦地说道："行行行，一

套房子而已，真的当我们家没有这个经济实力吗？写谁的名字都一样啊，最后不都是我和你的？你妈妈真是小题大做！"梦瑶只当丈夫在母亲那受了气抱怨几句，也没有计较，又往丈夫身上扑去撒娇卖萌，这件事就这么过去了。

　　搬进新居后，家里的家务两个人都是能拖就拖，刚刚装好不到半年的新居，零散的物品到处堆放着。两个人常常因为谁去倒垃圾、谁去洗碗而争执不休，久而久之，梦瑶那一身百试百灵的撒娇功夫对丈夫也不管用了。感受到丈夫的一些细微转变，梦瑶内心有些不安，好在不久就查出自己怀孕了，梦瑶想着有了一个宝宝就能够让丈夫重新把目光放在自己身上，因此十分愉快地接受了这个意外的惊喜。为了养胎，梦瑶辞去了人力资源的工作，一心一意回家当全职太太，那时她的打算是等到孩子 2 岁上幼托班再重新去找工作。虽然心里清楚肯定很难再找到同现在这份一样稳定高薪的职位，梦瑶还是劝慰自己："有舍才有得，我要当妈妈了，为了孩子这点牺牲不算什么。"怀孕期间，原来视若珍宝的各种护肤品、化妆品都送给了别人，每天在家里学着洗衣做饭，偶尔婆婆会带点汤来改善伙食。因为怀孕期间夫妻需要分房，梦瑶和明舒两人之间热恋的激情也逐渐被各类琐事消磨殆尽，即使心里难受，梦瑶也不断鼓励自己，为了宝宝，要学会成长。好不容易等到宝宝两岁了，梦瑶准备把孩子放到有幼托机构的幼儿园，满心以为自己终于可以解放的她却被当头泼了一盆冷水。"你要出去工作？孩子怎么办？"丈夫的态度明显是不支持，梦瑶还是耐着性子解释："孩子两岁了，我准备给她报一个幼小衔接班，已经打听好了，我闺蜜的孩子就是在那一家上的，她说还不错。我也需要去找一份工作了，你看我在家怀孕带孩子 3 年，感觉和社会都脱节了。"丈夫明舒不屑一顾："你就别天天想着出去抛头露面，与其出去赚不了多少钱，不如就安安心心待在家里带带孩子。你想想现在我妈年纪也大了，虽说身体还硬朗，但是也得省着啊，能把孩子养好就是你最大的功劳！"梦瑶心中不快："你真是孝顺，知道心疼你妈妈，我呢？孩子我已经安排好了幼托班，只需要老人家接送，为什么要把我困在家里？我好歹也是本科学历，难道以后就待在家里这么无

所事事吗？我父母在这里有熟人，完全可以把我介绍进这些企业，工资也不比你的低，你到底怎么想的？"丈夫明舒沉默了，他确实有自己的小算盘：梦瑶任何方面都比自己突出，自己当初能够娶她也是费了不少心思，谈恋爱时只想着带这样一个高学历、家世好的女友出去就好比带了一张昭示成功的名片。结婚生子之后，他不再需要带老婆出去炫耀了，只希望她在家里安安分分、孝顺长辈，以自己为圆心围着自己转就行了。然而现在看来事情并不像他想得那么简单，他早该想到有那样一位能干强势的母亲，梦瑶又怎么可能随意任人拿捏呢？而梦瑶也在痛苦中反思："为何当初令丈夫迷恋的优点如今都成了缺点？为何丈夫自己的工资收入、家庭积蓄比不上自己却处处打击自己，不让自己继续在职业岗位上创造价值？难道他不想要这个家好？婚前想要女人娇憨可爱、漂亮得体，带出去有面子，结婚后你就是家里的一块破抹布，哪里需要放哪里，不仅要能干持家，还要不抢风头、低眉顺眼。你家要的不是媳妇，要的是个前世欠了你家孽债，今世来还债的神人！"

议一议

　　女人嫁人首先要看的应该是男人的人品或者说三观，外貌、家世、收入、阶层可以说是锦上添花，但做不到雪中送炭。婚姻好坏，冷暖自知，好女人、好妻子需要好丈夫的衬托。梦瑶和当下大多数受过高等教育的城市女孩子一样，对爱情、婚姻怀着纯洁的向往，不希望两人的感情有过多的利益牵扯，但这种朴素的希冀虽美好却缥缈。婚姻不仅是两个人的结合，更是两个家庭的结合，从深层次来说，是两个家庭熏陶下的两种价值观的结合。女方在婚前显然是能够感受到这种价值观的差异：在婚房的房款问题上，梦瑶在与明舒一家的交涉中，能够察觉到这个家庭对媳妇的态度，至少在两人准备结婚之时，自己这个媳妇并没有被对方纳入"自己人"的范畴。但是她不以为然，甚至想着能够凭一己之力来改变男方家庭这种"落后"的价值观，显然她过于主观，也过于乐观了；而明舒对自己的妻子其实是有所期待的，就像梦瑶所说：在谈恋爱时希望女方漂亮大气，能成为自己炫耀的资本，作为回报，自己也会包容妻子的任性和不成熟；在结婚之后，明舒出于稳定家庭地位的需要要求妻子安分守

己，他认为女人作为妻子最大的成就是养育儿女、侍奉长辈，至于梦瑶自身的理想和职业则变得无足轻重。梦瑶一次又一次在原则问题上退让，明舒把自己对"理想妻子"的要求变本加厉地加诸在梦瑶身上。

许多青年男女经常抱怨，恋爱交往时的他／她和结婚成家后的他／她变成了两个完全不同的人。年轻女性在谈恋爱时享受被男方追求呵护的感觉，而结婚后，女人有了另一个身份——妻子。一部分女性和故事中的梦瑶一样，并没有尽快适应这种身份的转变，一心想着和谈恋爱时一样享受男方的迁就和追捧，这也就导致了在许多婚后生活事项上主动权的丧失。更重要的是，在男权主义思维下，"好妻子"的所有品质都围绕着为男性服务这一中心。无论是婚前带出去体面，还是婚后在家里实用，都是从男性的需求出发的。有这种观念的男人，他要的是对自己有利有助的"神人"，而不是一个有喜有怒的"女人"。因此，女孩子时刻谨记，婚姻不可一意孤行，好妻子是好丈夫烘托出来的。只有三观契合，能够相互理解的两人结合，才能拥有适合自己的幸福婚姻。

女人要有"女人味"

　　洪媛今天也是早早地就起床，她没有去厨房，也没有先去孩子的卧室，而是径直走向自己的独立衣帽间，款款坐在梳妆台前，第一件事就是把今日份的美白液喝下，然后就是长达1个多小时的化妆、穿衣搭配，等到一切收拾妥当，海森外贸公司的年轻副总便这样高贵优雅地出现在集团大厦，接受众人艳羡的注目礼。

　　洪媛非常享受美丽的外貌带给自己的自信与幸运，不认识的人可能会以为她肯定是某个殷实家庭出来的白富美，人人都说气质与神韵是与生俱来的，这不过是恭维话。洪媛内心一边享受着被当做白富美的优越感，一边又

厌弃那些真正的"人生赢家"——她不过是一个大专文凭，在这个城市摸爬滚打了十几年的普通女人，从社会底层爬到今天的位置，其中的艰辛委屈，她都曾深刻地体会过。而那些赢在起跑线上的人们，轻轻松松就能到达她拼尽全力才能达到的高度。洪媛对她们又爱又恨，但无论如何，她渴望成为那样的人。

临近年关，公司要举办年终聚会。洪媛特地化了精致的妆容，穿上最近逛街买下的最新款时装套裙精神奕奕地去上班。刚刚走进会场的时候，现场的工作人员没有注意到领导到场，还聚在一起聊八卦。洪媛注意到马上要开场了，工作人员却还没有到位，内心不悦："总公司年会已经要开场了，这些人还在说闲话，完全不把这场活动当成一回事。不行，我得去说说他们，不然出了岔子，我这个主管也难逃其责。"她悄悄地从会场的侧面入口走近那群围在一起八卦的员工，刚准备开口，便听到一个人咋咋呼呼："什么？洪主管被绿了？""嘘！"另一个女生赶紧让她小声点，左右看了看，确定没有人注意到这边，才讪讪地开口："千真万确，我闺蜜是洪主管手下的，她那天和男朋友逛街的时候确实看见洪主管的老公挽着另一个女人在逛百货！我闺蜜还说那个女的也就一般的长相，真不知道洪主管她老公怎么想的？放着那么漂亮的老婆不管，去和别的女人乱来！"躲在暗处的洪媛浑身抑制不住地颤抖，她怎么也不愿相信，一向迁就宠爱她的丈夫会有外遇。回想起最近一段时间，丈夫的种种举动，洪媛内心越来越沉，但是骄傲不允许她相信自己真的被丈夫抛弃。她深深地吸气又吐气，挂起职业微笑，装作什么都没听到一样和在场的各位员工道早安，在四周或怜悯或幸灾乐祸的目光下硬生生扛到了年会典礼结束。在这期间作为年度优秀员工登台领奖的洪媛还面不改色地感谢了她的领导、同事以及丈夫。也许，自尊是洪媛最不能丧失的底线吧，即使婚姻似乎已经摇摇欲坠，她还是要把自己的面子维持住，不能让外人看到她狼狈、虚弱、失败的一面。

窗外车水马龙，现在是北京时间晚上8:50，洪媛刚刚交接完今天的事项，顺便把年终总结递交上去。公司的事情处理妥当后，她才有时间缓缓释放自己的哀伤。把车开到环海公路，洪媛裹了裹风衣，把自己紧紧围绕着，她开

始回想起自己的前半生。

　　洪媛原来并不叫洪媛，她本名洪源，从广西的一个小镇出来时还不满 18 周岁，大专文凭的她并没有足以令她在这个二线城市安身立命的资本，因此在这里的头几年，她觉得日子异常难过，也不止一次生出过回家乡安稳度日的想法，但天性中那股勇往直前、不达目的不罢休的执拗劲支撑着她坚持了下来。洪媛可能出身不好，但是她能吃苦，肯努力，再加上恰好在兼职的酒店邂逅了现任丈夫，她的人生开始有了那么点幸运的色彩。在一个令人难忘的夜晚，洪媛和那时还是男友的他第一次坐在这个海边度假酒店里一边观赏海景一边品尝美食，他和她相互依偎，聊了许多不足为外人道的事情，有关家庭，有关事业。洪媛还清晰地记得他对她说："媛媛，我知道你志存高远，不会一辈子安于家庭，我很喜欢你身上的这股劲，但是，你应该更加女人味儿一点啊，不然和你在一起，我压力山大啊！"那时的洪媛一心沉溺在爱情中，她对这位完美男友的称赞感到受宠若惊，却下意识地曲解了他话里的真实意图："无论我在外面如何驰骋，最终不都是要回到你这里的嘛，哼，你就是嫌弃我不够时髦，觉得我丢人了，是吧?"那时的他半无奈半宠溺地摇摇头，绕过了这个话题。

仰头灌下一杯酒，洪媛不可自抑地低头傻笑。其实感情这回事，如人饮水，冷暖自知。当热恋中的激情被生活琐碎慢慢磨去，爱情中的两个人才会露出自己的本来面目。

改名字不是一件什么重要的大事，却也不是一件毫无影响的小事，人们总是对这个伴随自己一生的符号赋予特殊的情感与意义。洪媛在办理更名手续的时候内心在想什么呢?"洪源，她是广西一个偏僻乡镇的泼辣女孩儿，大专毕业来到滨海打工，工厂里的小妹都嘲笑她不会打扮、生活简朴、名字土气，但是她和那些如同候鸟的打工妹们不同，她想要获得一份稳定体面的工作，能够在这个美丽的海滨城市拥有自己的美满家庭，能够通过自己的成功摆脱曾经卑微的自己；洪媛，她是这个城市一位受人尊敬的医生的妻子，同时也是一位成功的职场女性，在她可预见的未来，将会富裕又安康。"

更改的名字虽能寄托主人的愿景，却不能真的如她所

愿。洪媛曾经和自己的好闺蜜聊天："他是一个家境良好、受过高等教育的人，我虽然时时刻刻想保持自己的最好状态，但是我发现，我用在公司里的那一套，在感情中没有什么作用，甚至会让他反感。他是一位绅士，而我并不是一位千金小姐，这个事实虽然不能改变，但是我可以改变我自己。你看，我把'源'改成'媛'字，是不是听起来更有女人味了？"

在这个城市生活的第七年，洪媛认识了她的丈夫，一位家底殷实、温柔体贴、有着高学历的绅士。结婚以后，洪媛依然发挥着商人的优秀嗅觉，借助夫家在本地的人脉关系，拓展自己的事业版图。而对于妻子的事业开拓，丈夫全力支持，两人也算妇唱夫随。但是相处越久，两人对对方就越了解，当初被爱情与激情掩盖着的差别便显现了出来。

问题的爆发是孩子的降临，洪媛自认为十分有女人味，她身材高挑、常年用高级化妆品保养、定期做形体训练、时不时参与一些上层太太们的茶会交流会，对太太们中间流传的御夫术自认为掌握得十分纯熟。因此，孩子刚一落地，她便请来了保姆负责孩子的喂养，自己则跑去报名了产后形体恢复班，希望赶紧恢复好身材。还没出月子她就开始节食减肥，和闺蜜出国旅行、疯狂剁手，丈夫为此和她尝试沟通，劝她如果工作不忙应该把空闲时间分出来多用一些在孩子和家庭上，洪媛不以为然，她振振有词道：新时代女性哪里还需要在家带孩子，我要活出自我。如此种种，尽管洪媛用的化妆品越来越高级、衣服买的越来越多、面容越来越靓丽，但与丈夫之间的争吵也越来越多。她有时气急了会摔东西、打人，为此，他们近一个月没说话。

这是他们结婚的第三个年头，洪媛没有等来第三个结婚纪念日，而是等来了一场破碎的婚姻。她不甘心，为何老公会看上那个寡淡无味的女人而抛弃自己这个"女人味"十足的白富美？洪媛不明白，为何她改了原本那个土气十足的名字，却依然无法收获自己想要的"白富美"人生？

议一议

"男人婆"无疑是对女性的极大侮辱，但是强势、精干、一心向上的洪媛却让那个曾经温柔体贴、呵护爱惜自

己的丈夫口出如此恶言，在一段"灰姑娘与王子"的都市爱情故事之后是女人难做的无奈困境。

　　有"女人味"的女人日子不会过得太差。古人常说，女人是水做的，女人的本性便是润物细无声。家有一悍妇如河东狮，丈夫不会兴旺，家庭不会兴盛。古人赞美妇人，多称赞她们"贤良淑德"，譬如谈到眉眼腰肢，多是描述婢美妾娇。若是盛赞女人容貌，会被认为有轻浮亵渎之意。尽管已经是现代社会，尽管这是一个"看脸的时代"，女性在提升自己外貌上的"女人味"的同时，更要注重提升精神层次上的"女人味"。

　　洪媛身上有许多特征可以在你我身上找到，她们出身不高，但是勤奋努力，向着更加美好的生活一意孤行。幼年贫乏的物质生活让她们潜意识里不断去追寻能够证明自己价值的物质存在，或是金钱，或是名望，或是姣好的外貌，抑或是虚无缥缈的"女人味"。而在盲目追求的路上，她们常常陷入将"女人味"物化的陷阱——物质堆砌不出来女人味，化妆品只能造就女人的皮肤，这样的女人物质有余而情调不足，不足则索然无味。女人味更多来自内心深处，有一定的文化底蕴、修养层次、人生阅历，才能烹调出醉人的味道。

　　洪媛应当从内心接纳原本的自己，承认自己本来的样子，这并不可耻，反而是修炼的开始。

（顾若兰）

TA YU JIA

CHAPTER 03 第三章

妻子与择偶标准

　　婚姻源于男女两性的选择和结合，而男女两性的选择和结合就是择偶问题。择偶是婚姻建立过程中的一个重要环节，它不仅是缔结婚姻、建立家庭的前提，而且直接关系到日后当事人婚姻质量的好坏。因此，了解已婚人群的婚前择偶标准与婚姻质量现状，有利于揭示择偶标准对婚姻质量的影响。

择偶的标准

　　在某公园的相亲角中，经常看到上了年纪的老人们在那里聚集，不知道的还以为老人们在为自己寻找伴侣，其实他们都是为了自己的女儿、儿子在寻找适合他们的伴侣，孩子们事业压力大，没有时间进行相亲，父母着急，只能通过这样的方法为他们物色合适的人选。刘大妈、杨大妈、张大妈她们因在这里长时间的驻扎，慢慢地认识，最后她们组成了姐妹团，每天都帮着自己的儿子、女儿去相亲角相亲，她们的心目中早已经有自己的标准，什么样的女孩适合自己的儿子，什么样的男孩适合自己的女儿，其实大部分的标准都是一样的，不过每个人关注的重点不一样。

　　有一天，像往日一样，老人们看着每一个在这里相亲的人，突然讨论了起自己给孩子们择偶的标准，张大妈说："希望自己未来的女婿是一个性格踏实，有主见的人，家里面有什么重大决定的时候都可以理性作出决定。"杨大妈说："希望自己未来的儿媳妇有更多的时间照顾家里面，能照顾好自己的孩子，以后有时间带自己的孩子，做一个勤劳的、对家里有责任心的好儿媳。不需要儿媳挣多少钱，因为自己的儿子工作还比较稳定，收入足以承担家里面的开支。"然而刘大妈说："不太希望这样的女孩子，希望自己的儿媳并不是一个完全的家庭主妇，女孩子应该多出去看看，做一个知书达理、有自己独立思想的人，在家里能做一个合格的媳妇，在外面能赢得朋友同事的好评，以后对小孩子的教育也能起到潜移默化的作用。"张大妈听完后想了想说道："或许咱们的孩子们都有不一样的择偶观点，我们自己的这些观点也只是作为他们的参考意见了，孩子们大了，他们都有自己的选择了。我们现在只是帮他们参考参考了。"刘大妈跟杨大妈听完，也点点头，很同意她的观点。

议一议

　　每一个人的择偶标准都不一样，择偶有不同的梯度，每一个人都会寻找适合自己的标准，比如文章中的刘大妈、杨大妈、张大妈对孩子的未来伴侣的人选都有不一样的标准。我们可以将择偶标准分为以下几个维度：财富、能力、兴趣爱好、相貌、年龄等。财富能够让人直接得到所需要的东西。能力总是和人完成一定的实践时所需的知识技能分不开。在择偶中，能力是所有人比较看重的。兴趣爱好是择偶中重要的环节，有相同志趣的人在一起相处更容易达到思想上的共识，在以后平淡的生活中更容易达到家庭的和谐。相貌也是重要的择偶因素，大部分的男生会选择肤白貌美的女生，女生也会更可能地选择高大帅气的男生，这是一种择偶梯度，也是一种主观心理现象。年龄作为人的择偶标准之一，是基于两个方面的原因。一方面，人的财富、才华、社会地位、社会尊重、社会权力等都与年龄存在着一定程度的相关性，在一般意义上讲，年

长的人往往拥有更多，因此在其他条件相对不变时，许多女性还是愿意选择年龄较大的男性作为自己的配偶。另一方面，年龄与性格、健康、相貌存在一定程度的相关性，对于特定的人，总是希望找一个年龄相当的异性作为自己的配偶，从而组成一个和谐而稳定的家庭。

择偶的偏差

　　在繁华的大都市中，生活着一群为梦想而拼搏的年轻人，他们都是离开自己的家乡在陌生的城市中打拼，在城市中尝尽了各种苦头。生活渐渐稳定，他们也开始了自己人生未来的打算。

　　马明、刘东、李云、张萍、王丽他们一起从老家出发到这个城市中，从事着不同的工作，为自己的事业打拼。多年以后，他们的事业稳定发展，在家人的催促下，他们有的各自结婚成家，在陌生的城市中安了家，有的还在寻找着跟自己志同道合的人。每年的春节前夕，是他们约定在陌生城市中聚会的日子，每次都会在自己家乡的菜馆吃饭，谈着自己

的最近的情况，有什么烦恼的事情、开心的事情，大家都喜欢聚在一起，相互倾述着。今年也不例外，大家像往常一样聚在一起，聊着最近的生活、工作、情感等。

这时，马明说："我们来这里这么些年，刘东、李云、张萍你们都有了自己的家庭，我跟王丽还在寻寻觅觅的过程中，害怕今年春节回去，父母又开始催婚，唉。"王丽也跟着点点头，说道："大家都觉得我的择偶标准太高，存在偏差，你们已经有家庭的，有经验了，给我指导指导吧，你们有什么择偶的诀窍？不然我怕是一辈子都单身了。"

刘东作为他们中结婚次数最多的人，最有发言权了，他说道："对结婚又离婚又再婚等一系列情感和生活波折的实践者来说，那些答案推荐的诀窍至少在我身上，是行不通的。作为'80后'过来人，我建议的择偶策略是找一个跟自己三观一致的人，这样子在一起才舒服。彼此有吸引力，各方面能力基本在同一个水平，像一对合伙人一样的模式，共同经营好属于你们自己的婚姻、生活及事业，这样会是最稳定的。像现在我找的小洁就是这样子的，我们两个有相同的兴趣爱好，还是蛮舒服的，这就是最高的择偶策略。"

李云说道："是呀，你这样比先前舒服多了，我的婚姻很大程度上的选择都是太过于匆忙，结婚前并没有对对方做过多的了解，仅仅是凭借一时的喜欢和任性，匆匆地结婚，而在后面几年的生活中饱受了多种折磨。无论你跟谁恋爱或者结婚，一定要在拿结婚证前（最好是见双方父母前）开诚布公地就三个方面谈一下：一是她的消费观念；二是双方的性经历与性观念；三是啃老、育儿、给不给双方父母回馈。这些都要谈好呀，不然可麻烦了，现在我事情老多了，我都不知道怎么办了？匆忙结婚不一定是好的选择呀。"大家都沉默了一会，马明心中一想，也是，李云就是结婚太匆忙了，确实存在问题。

张萍这时候说道："我现在虽然结婚了，小刚对我也是挺好的，想想那时候我的选择还是正确的，你们想想，我们在谈恋爱的时候，咋会想到这些事情呢，在我们有了一些恋爱经历之后，那时候我的择偶标准非常清晰，有五点。一要看男方原生家庭。准公婆的婚姻相处模式高概率是你未来的婚姻相处模式。二要看容忍程度。不需要刻意

激怒，恋爱期间总有争吵，发生矛盾的时候，看看对方的反应。三要看细节。每个人的能容忍的方向和尺度各有不同，仔细观察日常生活中男方让你不舒服的点，并慎重考虑这些细节为什么会让你反感，是否有触及原则性问题。四要看是否能沟通。三观不契合不怕，世上没有完美对接的两块拼图，每个人由于天赋、禀性、后天环境、经验、经历等的不同，三观有所区别才是常态，对方和你有分歧后，看他到底是由于热恋期荷尔蒙的作用下忍气吞声的妥协，还是充分交流后对事不对人的诚恳归纳总结。五要看是否门当户对。还是那句老话，鞋合不合适只有脚知道，适合的才是最好的，无论男女婚姻都是人生中的大事。"

"是呀，鞋合不合脚也只有脚知道了，每一个人的择偶都有自己的标准，那我跟小丽也加油去寻找自己的另一半。"马明说道。大家也都纷纷点头。

议一议

在横向的比较中，中国人的择偶观与欧美发达国家相比，则相对要保守很多，中国人的择偶观更多的是一种理

今天如何做妻子

娘与家

性的择偶，听父母的、听媒人的，很多时候爱情放在了第三位。而对于欧美国家而言，更大的比例是看两人相处的感情和感受，更多的是遵从自我内心的意愿。

当今择偶观念的发展，自始至终在本质上是没有改变的，无非就是选择爱情还是选择面包。当今社会相比于古代社会，最大的改变就是面包变得更加诱人，周围有太多诱惑，而在这样的环境下保持对爱情的选择的择偶则是越来越少。具体而言，在择偶的发展中，纵向比较可以发现：第一阶段是门当户对的择配观，即人们通过"父母之命，媒妁之言"，选择家庭财产和门第相当的配偶；第二阶段是异质互补的择偶观，这种择偶观强调当事人个人的品质和成就，强调当事人之间的"相互需求"和"相互补充"，而不重视当事人的家庭背景，反映了新兴资产阶级在择偶问题上的反封建立场；第三阶段是以爱情为基础的择偶观，这种择偶观强调以当事人双方相互深入了解，具有共同思想基础和互爱为前提，强调双方在精神上的相互需求。

择偶标准随着时代潮流的变化而变化。人类社会是一个复杂的、非线性的动态系统，在特殊情况下，一些次要

变量可能突变为两性价值关系的主导变量，制约着这一时期的择偶标准的价值特性。例如，在 20 世纪五六十年代，我国的择偶标准偏重于人的身份与出身，在 70 年代偏重于人的职业和城市户口，在 80 年初期代偏重于人的文凭与学历，在 80 年代后期偏重于人的身材与身高，在 90 年代偏重于人的金钱与财产。

传统婚姻择偶遵照的是"父母之命，媒妁之言"。几十年前，子女找对象主要依从父母之命，因为父母的人生阅历更加丰富，更加了解对方家庭的人品德行，而且往往讲究"门当户对"，可以说是慎之又慎，目的是为了能让子女更加长久地传承家道，所谓"合二姓之好，上以事宗庙，下以继后世"。然而现代社会奉行的是恋爱自由和结婚自由，择偶往往以当事人的好恶为标准，更多注重的是对方的相貌、财产和个人才学，忽视了对对方德行的考量，为婚后的问题埋下了隐患。这些隐患最终均会导致婚姻走向破灭，以离婚收场。

（刘佳欣　张　珍）

TA YU JIA

CHAPTER 04　第四章

妻子与夫妻关系

百年修得同船渡，千年修得共枕眠。前世的缘分让今生的两人携手走进婚礼殿堂。婚礼结束，宾客散去，留下的是一对懵懂的新人，将开启新的生活篇章。从此，作为妻子的你，应与丈夫风雨共担，甜蜜共享，携手攻克生活中的难关。然而恋爱时完美无瑕、释放万丈光芒的他，开始渐渐表现出你无法忍受的缺点；看似牢不可破的亲密关系渐渐出现裂痕。家庭劳务如何分工？重大开支谁说了算？生几个小孩还是不生？……这些具体而实在的问题成为引发夫妻大战的导火索。问题处理得当，会使夫妻关系继续升温，甜蜜持续；处理不当，夫妻关系就四面楚歌，岌岌可危。有时候，选择就在一瞬间，妻子的选择将直接决定家庭的走向。做妻子的你，承担着维持良好夫妻关系的责任，想一想，真是一个艰巨的挑战。

故事

花好月圆不敌柴米油盐

　　美丽是个漂亮的女孩儿，她从小生长在农村，妈妈是纯正的家庭主妇。小时候美丽和爷爷、奶奶还有爸妈都住在一个院子里。从小美丽就看着妈妈每天早起开始做饭，然后喊大家一起吃饭，吃完饭大家放下碗筷抬屁股就走，妈妈就接着收拾桌子，洗碗。然后爷爷奶奶会把脏衣服拿来，妈妈收拾完屋子，再开始洗衣服，然后又开始做中饭。妈妈的一天都是忙碌的，可是家里其他人却清闲得很，因为他们把所有的家务劳动都给了妈妈。妈妈的手很粗糙，长满老茧，有时还会裂开口子，摸一下都很疼。渐渐地，美丽的爸爸开始嫌弃妈妈，他们之间就这样没有了

共同语言。爸爸闹着离婚，美丽的妈妈无奈，含泪接受了这个结局，愤恨一生。她经常告诫美丽不要像她一样，重蹈覆辙。虽然年幼的美丽并不明白背后的道理，因为在她心目中，妈妈为这个家庭付出了那么多心血，她应该得到爸爸的爱。妈妈的眼泪一直萦绕在她心中。

长大后的美丽，模样越发精致，她成了很多男生心目中的理想女友。大学期间，身边追她的男生前赴后继，他们使出浑身解数，甚至有的男生为了送高档香水给她，一个月都啃馒头；有的男生叫嚣自己家里背景很强，以后一定能给她安排理想的工作，等等。美丽始终不为所动，她直截了当地拒绝了一个又一个优秀青年。唯独一个叫刘磊的男生，虽然他们多年来没有说过一句话，最多只是在校园中偶尔碰到时猝不及防的眼神交流一下。刘磊总是默默关注着她，关心着她，每当她学习上遇到问题时都会第一时间送上一张纸片，放在她的桌上，有的时候会送一小瓶饮料、一只苹果或一张明信片。其他人也干过同样的事，可是他们最多坚持一个月就彻底放弃了，只有刘磊，从大一一直坚持到大四。有一次，美丽从图书馆自习回来的路上遇到一群男生。他们不理解美丽为何总是拒人于千里之外，想要给她一点颜色瞧瞧。这时，刘磊突然从后面出现，他孤身一人，为了心爱的人却勇气大增，毫不犹豫地护住美丽。因为这一英雄救美事件，美丽终于答应跟刘磊交往，即使刘磊身形瘦弱，长相普通，家庭条件更是一般，跟其他追求者相比，毫无优势。

从此以后刘磊把美丽捧在手心，对于美丽提出的要求，刘磊一直都顺着她，从不反对。美丽想要吃离学校很远的城南的煎包，刘磊绝不敢就近在学校买。其他男生看着他们出双入对的身影，羡慕不已，大家都不明白刘磊究竟是用什么方法搞定了女神。恋爱长跑四年，美丽终于点头同意嫁给刘磊。刘磊在美丽面前发誓，一定要用一辈子宠爱她。这个时候的美丽是幸福的、骄傲的。

假如故事到此结束，还真是花好月圆。然而，美丽结婚以后的生活并没有一帆风顺。婚后，美丽仍然秉持着恋爱时的心态，对刘磊颐指气使。白天，刘磊在单位工作，晚上回来以后要做饭、洗衣、拖地，美丽就坐在椅子上淡定地看着丈夫忙来忙去。两个人的家务劳动并不是很多。

因此，婚后前两年，即使刘磊心中渐渐有了怨气，他们还是能和平相处。直到第三年，美丽为刘磊生下了一个儿子。儿子的出生让家务活陡增，美丽除了给孩子喂奶和哄孩子入睡，其他家务活一律拒绝。有一次，刘磊出差一周回家，看到家里堆积如山的垃圾和一大堆等着洗的衣物，彻底崩溃。刘磊开始质疑自己辛苦工作的意义何在，娶了个不下凡尘的"仙女"，搞得自己身心俱疲。刘磊开始尝试着跟美丽沟通，希望美丽能承担一些家务。美丽一听到提议，记忆深处妈妈的眼泪便浮现了出来。美丽心想，原来刘磊跟其他男人并没有两样，说好的一辈子的宠爱也只是说说而已，现在才结婚三年就开始要求她做家务，渐渐地她也会成为妈妈那样的黄脸婆，被刘磊嫌弃。美丽开始与刘磊冷战。恋爱时，美丽的一丁点冷落都会让刘磊如临大敌，他都会尽量避免违背美丽的心意。可如今在工作与家庭的双重负担下，刘磊早已疲惫不堪，他再也不愿意作出让步。

最后，美丽和刘磊提出了协议离婚。原本一对令人艳羡的新婚夫妻最后却成为陌路，真是花好月圆敌不过柴米油盐！恋爱时维持的再美好的形象，也会被生活中的鸡毛蒜皮、柴米油盐打败。毕竟，每个人都是踏踏实实地生活在这个世界上，不可能永远维持一个凭空升起的理想形象。

议一议

故事中的美丽跟刘磊的结合建立在不平等的基础之上。美丽依仗着自己的美貌，婚后依然保持着恋爱时的心态，并未发生转变。而刘磊的能力大大提升，从校园中一无所有的穷小子变成了承担家庭经济责任的丈夫。刘磊与美丽夫妻关系的天平发生了变化，美丽依旧保持恋爱时的颐指气使，使得夫妻关系失衡。

美丽对于家务劳动的错误认知来自其母亲。美丽从母亲的失败婚姻中学到的教训是女子不能承担家务，婚姻中谁付出得多谁就吃亏。家务劳动繁重，但其价值并未得到社会承认。在某些夫妻眼里，谁从事家务劳动，谁就低人一等。其实，不然。在家庭生活中，男女两性都会以分担家务劳动来作为对另一半情感的表达方式。家务劳动并不仅仅是负担，更多的是表现出来的对家庭的一种责任，对另一半的关心与支持。在当今社会，某些家务劳动已经可

以外包出去，实在没有时间做家务可以雇佣保姆或钟点工解决。可以说，家务劳动的量是固定的，分配家务劳动的方式也是可以商量的，夫妻两人相互推诿而不着手去解决这一问题只能是火上浇油。

当下的中国社会，家务分工形式多样，既有传统的"男主外，女主内"模式，也有男女分工合作模式。无论哪一种分工形式，都是夫妻双方在冲突中不断磨合、妥协、退让而形成的。相反，夫妻双方，尤其是妻子，面对这一问题时，态度强硬、说话不可商量往往会造成无法挽回的局面。在家务劳动分工问题上，作为妻子，首先应该对家务劳动的价值有正确的认识；其次应该与丈夫心平气和地讨论家务分工的事宜；最后，家务劳动本身就是传达夫妻感情的渠道之一，家庭生活不能完全按照契约、法律来执行，偶尔多承担一些，多付出一些，多为对方考虑一些，不仅显得你大度，更能体现出你对另一半的爱与关心。如果两个人在一起，都期待着稳定和谐的家庭关系，哪有吃亏一说。天天计较、衡量、算计，这已不是夫妻，而是做生意。夫妻之间讲究的是情而非理。

故事

这十五万元该不该花?

　　老王今年四十五岁,在西藏经营着一家小饭馆。老王的结发妻子走得早,十多年来,他一个人起早摸黑,既当爹又当娘,抚养儿子成人。儿子大学毕业后留在了西安,找了份工资不高但很稳定的工作,和女朋友一起租住在市区一个老旧社区的单间里。儿子终于长大成人,老王心中很是慰藉,他前半生都在为儿子和父母考虑,从没有想过自己。现在,父母已去世,儿子也在城里安顿了下来,他感到有必要张罗一下自己的婚姻。机缘巧合,一次老乡会上,他认识了四十岁的林秀。林秀肤白貌美,性格也很活泼开朗,即使前夫发生车祸去世,她也没有放弃对生活的

59

希望，一个女人，做了多份兼职，辛苦供养女儿读书。女儿毕业后，跟一个外地来的小伙子结了婚。老王和林秀渐渐开始无话不谈，因为有共同的婚姻经历，他们惺惺相惜。终于，两个人捅破窗户纸，领了结婚证，准备共同生活。

有个伴关心自己当然好过单身汉的日子，老王的饮食起居都不用自己操心，这些事务都被林秀安排得妥妥当当。老王的儿子一开始并不同意他们两个的结合，他害怕林秀这个后妈偏心自己的女儿，毕竟这个社会太多的负面新闻都是围绕着重组家庭，尤其是财产分配，这是个始终绕不开的话题。看到老王和林秀相处融洽，父亲的脸上笑容多了起来，愁闷少了许多，甚至饭馆的生意也因为多了林秀这个好帮手而好了很多，儿子便不再阻拦。

领证以后，老王看妻子过日子精打细算，放心地把财政大权交给了她。朋友劝他，重组家庭，不能不防着对方，如果对方拿着钱跑了，吃亏后悔就晚了。老王听了这话非常生气，"她不是那样的人，如果我防着她，那这日子过着还有什么意思，还不如自己一个人单过。天天这样防着自己老婆，会伤了她的心。"见老王态度如此坚决，朋友识趣地闭嘴了。

日子一天一天地过去，老王夫妻二人相互扶持，饭馆的生意蒸蒸日上，夫妻两人又盘下了附近的一个门面，雇了几个帮手，做饭馆生意的同时也卖卤味。林秀思路活络，又很会打理关系，有条不紊地经营着两家店。每到月底，夫妻俩看着节节攀升的存款余额，满足而幸福地相拥而睡。月满则亏，水满则溢。夫妻两人的幸福生活被深夜的一通电话打破。电话那头是老王的儿子小王。老王一直盼望着儿子早日成家，因此多年前就开始为儿子存钱，准备将来给儿子买房娶媳妇。放下电话，老王兴奋地叫醒老婆，两口子盘算了一下，为儿子出房子首付、装修、结婚、买车等基本要花光家里的储蓄。林秀的眉头皱了起来，心想：这几年的辛苦经营都付之东流，难道又要白手起家？

"小王工作多少年啦？"林秀试探着问。

"有四年了吧。这小子工资不高，每个月基本上只够吃喝，他也不知道存点钱，现在想结婚了，就向我开口要

钱。不过，反正是自己的儿子，我挣钱也是为了他，要多少就给多少吧。他成家了我也可以交差了。"对于自己的儿子，老王一向溺爱，从不责备，生怕委屈了他，对不起地下的妻子。

"工作四年，再怎么攒个买车的费用应该没问题吧？老王，你看你能不能跟他说说，这个买车要用的十五万让他自己想想办法。我们也要有点积蓄，心里才踏实啊！"林秀说道。

"钱给了儿子，我们不是还剩十万吗？十万足够了！"老王开始不高兴了。

"十万块钱就只够我们盘活两个店，眼看着淡季就要来了，万一亏损，我们还要撑段时间，租金、工人的工资、水电费都全靠这十万了。我觉得这买车的十五万我们俩得自己拿着。万一有个意外，我们就一无所有了。跟小王的同学相比，他蛮幸福了，买车这事可以慢慢来，缓个一两年。"林秀将内心的想法和盘托出。

"儿子不是你儿子，你当然狠得下心来。小王哪个同学没有车，也就他没有。是，他是一个月没挣多少钱。那又怎样，他始终是我的儿子，我不能看着自己儿子被别人比下去。我的就是我儿子的，我宁愿自己吃苦都不会委屈他！这十五万花定了，明天一早我就去银行把钱转给儿子！"老王涨红了脸。他想不通，温柔体贴、善解人意的林秀怎么精打细算到他儿子头上了呢？

夫妻俩谁也说服不了谁，一夜辗转反侧。第二天，天刚亮，老王就起床，安排好店里的活，然后赶去银行。去银行一查，发现账户的钱少了十五万。回到家里，老王气急败坏地找到林秀，让她老实交代十五万的去向。原来，几个月前林秀把钱借给了女儿。因为这笔钱数额巨大，林秀不敢让老王知道，她想着过两年女儿女婿日子好了，还上了钱，这件事就可以悄无声息地过去了。没承想，小王提出要结婚、买房、买车，这件事就暴露了出来。虽然非常生气，老王还是无可奈何，他心里充满愧疚地把这一结果告诉了儿子。原来，这十五万可以借给她的女儿女婿，就不能用来给自己的儿子买车？老王第一次感到对林秀的失望。小王听说这一消息后，非常愤怒，跑回家对林秀破口大骂，吵得家里天翻地覆。后来，老王逐渐收回了财政

大权，有时也偷偷摸摸地瞒着林秀攒私房钱。就因为这十五万，夫妻两人从以前的无话不谈到现在的互相防备，夫妻情分不再，令人唏嘘。

议一议

故事中的林秀与老王属于重组家庭，建立信任本来就困难重重。林秀在饭店经营上显示出来的才干让老王感到放心，取得了家庭财产的支配权；而林秀在家庭重大开支上（借给女儿女婿十五万）的隐瞒，打破了本就不易建立的夫妻信任关系。夫妻之间的信任是组成家庭的基本条件，所谓信任就意味着相信对方会为了家庭整体的利益去衡量取舍。其实，作为妻子，林秀本可以光明正大地将此事提出，与老王商量。如果老王同意，那么也就不构成矛盾；如果老王不同意，而妻子林秀执意如此，那么夫妻之间定会产生冲突。只是这样的冲突是暴露在阳光下的，是老王知道林秀的举动而产生的冲突。这冲突可大、可小，也能找到相对容易解决的办法。相信老王最无法接受的是林秀的隐瞒，隐瞒这一行为就意味着林秀对这段关系的不

婚与家

今天如何做妻子

信任，虽说可以神不知、鬼不觉地瞒天过海，但日子一长，势必露出马脚。那时，再来弥补破裂的夫妻关系为时已晚。当然，丈夫老王也不该对儿子有求必应，对儿子小王的过度宠爱可能促成小王养成"啃老"的心态。面对儿子媳妇不断升级的消费需求，苦不堪言的只能是父亲老王。

家庭重大开支是一个涉及家庭权力的分配问题。谁说了算？传统社会是由丈夫做决定，而现代社会崇尚的是平等式夫妻关系，夫妻双方都有发言的权利。林秀在说服丈夫时列出的理由有理有据，丈夫老王在情绪的支配下尚无法接受，此时林秀能做的只有"打太极"，让此事慢慢降温，同时给丈夫老王一个冷静下来的缓冲期。可接下来老王发现妻子隐瞒借出十五万的事实，冲突进一步升温。一方面，丈夫老王生气是因为妻子考虑事情没从他是小王父亲这一先天性的事实出发，而是用冷静的说辞试图劝服。另一方面，妻子林秀在家庭重大开支上的隐瞒，挑战的是老王的权力与地位。

我们看到，这对夫妻中，妻子林秀能力突出，思维偏

重于理性，她习惯于掌握家庭大小事宜，占据了丈夫老王自由发挥的空间，伤害了老王的自尊。从短期来看，整个家庭效率极高；但从长远来看，必定潜伏着冲突。家庭重大开支这样的决定并不是简单的谁说了算的问题，涉及的是权力、地位、尊严等。作为妻子，首先应开诚布公地与丈夫沟通交流，其次尊重对方的意愿，体谅对方的想法，不要强行在对方身上施行自己的意志，多为对方想一想，多为整个家庭想一想，而不是把"家"变成自己为所欲为的私人空间。

生还是不生，是个问题

　　任雪是家里的独生女，今年四十岁，跟丈夫结婚十年，一直没有要孩子。丈夫张利比她大五岁，二婚跟任雪在一起。任雪本来就结婚较晚，再加上对于西方电影中那种夫妻浪漫的生活非常向往，一直排斥要小孩。张利是高校教师，非常看重事业，他的前妻也是一个事业狂，夫妻两人在事业上各自奋斗，反而冷落了对方，最后两人协议离婚。任雪那时刚从别的学校调来，张利对她一见钟情，因为任雪身上始终带着不落凡尘的气质。婚后，夫妻两人生活和睦，任雪特别爱在生活中保持仪式感，隔三岔五地给张利制造"惊喜"。虽然渐渐熟悉起来，张利也知道任

雪的"套路",还是乐此不疲地陪着她。

结婚两年,任雪怀孕了,张利非常开心,他十分期待着这个小孩的出世,毕竟他是家里的独子,承担着继承香火的压力。任雪却高兴不起来,他们一直有做安全措施,这一次怀孕完全是意外。怀孕后任雪反应很大,再加上她本来身体就弱,三个月时,孩子没有保住。这次流产给任雪带来了身体上和精神上双重的打击。她本来就不想要小孩,只想要夫妻过浪漫的二人生活,不曾想这孩子突然来临,让她措手不及,她还没有做母亲的心理准备。张利以为任雪只是一时的任性,他相信任雪也会跟其他的女性一样,嘴上说带孩子麻烦,最后仍然会生孩子的,这是人类的天性使然。

一年又一年过去了,任雪始终没有妥协,这期间张利忙着工作和科研,虽然心里记挂着这件事,终究还是拗不过任雪。没有孩子,张利可以将全身心都放在事业上,事业的成就激起他很大的信心。张利35岁就当上了教授,他是全校最年轻的教授,成为了很多大学生心目中的偶像,甚至有女生专门为他组织了粉丝团。学术上的成就是张利的魅力之一，他跟太太的丁克生活也让旁人艳羡不已。放假前，任雪早早就安排好假期旅程，朋友圈都是他们出去游玩的照片，爬山、滑雪、潜水……当然，张利经常会抱怨玩的时间过长，有时候他们在外度假，张利还抱着笔记本工作。朋友的孩子都上小学、初中了，他们两人依然过着浪漫的两人生活，没有过多的家务，没有嘈杂的吵闹声，夫妻两人举案齐眉。"生活就应该这样继续过下去"，任雪心想。一次，张利参加同学聚会，同学们都带着自己的小孩出席。看着可爱的小朋友，张利心里不免有些羡慕。他一次又一次的劝说，试图说服任雪，可任雪宁愿养一只狗，也不愿意生小孩。他一度怀疑任雪并不是真的爱自己，然而每次都被任雪制造的"惊喜"所俘获。"晚一点又有什么关系呢，任雪早晚有一天会自己想通的。"他坚定地告诉自己。然而，直到他们结婚十周年，夫妻两人在生不生孩子这个问题上始终没有达成一致。

他们在生活上水乳交融，在兴趣爱好上高度契合，他们谈论着诗歌、电影、音乐，就是不谈论柴米油盐和小孩。张利的老母亲总是苦口婆心地劝这对小夫妻，为他们

操够了心。每次别人家抱着小孩来串门，老人心中都会感叹，如果自己的孙子顺利出生，现在也应该这么大了。老母亲软硬兼施，甚至以自杀相要挟，张利妥协了，毕竟他不能背负不孝的罪名。任雪不是没有体会到丈夫的心思，但是她一直坚持着自己的想法，希望自己的生活可以由自己全部来享受，而不是去照顾孩子、供孩子读书、盼着孩子工作和成家立业……那样的人生，在她的眼里没有任何的吸引力。四十五岁的张利，有车有房有成就有地位，可就是没有一个活泼可爱的孩子，成为他心中最大的遗憾。他时常在想，如果当时自己没有选择任雪，而是跟其他普通的女孩了在一起，会是怎样的情形呢？他全然忘了，最初任雪吸引他的正是身上这股不与主流为伍的文化气息。继续这样走下去，肯定无法完成继承香火的重任；离婚，他心中又始终舍不得，毕竟跟任雪生活在一起，他的日子很滋润。

最终，任雪硬着头皮答应丈夫做高龄产妇。作为高龄产妇的她，在怀孕生产中吃了不少的苦头。小孩出生后，任雪患上了产后抑郁，丈夫的宠爱全部给了刚出生的小孩，自己被冷落，再加上身材走形，以前自己一心想要过的浪漫生活，变成了充满烟火气的生活。孩子逐渐长大，他对于母亲的依恋唤醒了任雪内心的母性，她将儿子视为至宝，愿意为了儿子做一切事情。原来，烟火气的生活也充满着意义。

议一议

故事中的任雪与张利夫妻感情深厚，但因在生育观念上未达成一致，使得夫妻之间出现冲突。对于任雪而言，她在生儿育女与自我实现两个抉择中为难。在传统以及当下的中国社会，生儿育女、传宗接代始终是婚姻的社会功能之一。生儿育女对于中国人而言意义重大，试图打破这一传统，势必会引起夫妻之间的冲突，甚至还会招致公公婆婆加入这一家庭大战。

为什么生儿育女意义重大呢？第一，夫妻之间的关系就像两点之间的直线，如果没有两者爱的结晶——子女，那么这两点组成的直线极易发生形状的变化，也就是夫妻感情容易破裂，这样的家庭关系是不稳定的。而一旦加入

第三点（子女），家庭成员就组成三角形，这是一个稳固的家庭关系，能抵御外在的风雨。第二，生儿育女对中国人而言是人生意义的重要来源，财富始终带不走，欲望享受终有上限，家庭中的天伦之乐、儿孙绕膝始终被视为最大的幸福，这是很多人终其一生努力追求的目标，也是家庭中夫妻在外奋斗的动力。

当然，随着西方文化的渗透，不少人崇尚西方人的生活方式，讲究生活情调和仪式感。这本身是没有任何问题的，在一个多元文化的世界中，这样的选择应该得到尊重。对于那些自愿丁克的夫妻，我们应该尊重而不是可怜、质疑甚至嘲笑。

该案例中任雪将尽可能地享受人生视为生活目标。在她的价值世界中，为子女付出一生是没有价值的。这其实是一种偏见。享受人生其实跟生儿育女并不矛盾，当宝宝叫第一声"妈妈"时，相信每个妈妈心里都是愉悦和甜蜜的。再说，人生百味，酸甜苦辣咸都是值得我们去经历和体验的。这里，我们说做一个好妻子，并不是指大家一定要按照传统的伦理规范去做，而是在处理夫妻观念冲突时一定要设身处地地、换位思考一下。张利有他的苦衷，任雪有她的考虑，孰轻孰重，这实在是一个价值观的问题。如果夫妻俩能达成一致，那自然圆满；如果夫妻俩不能达成一致，那么任雪就要勇敢地承担责任。没有子女的家庭并不是没有可能幸福，而夫妻俩天天争执、互相不妥协不退让的家庭必然没有幸福可言。

（徐依婷）

TA YU JIA

CHAPTER 05 第五章

妻子与工作

鱼与熊掌，不可兼得。作为妻子的你，如何平衡家庭与工作的关系呢？这实在是一个考验人的问题。工作带给你底气、自信和尊严，作为现代女性的你，不能轻易放弃；而家庭又是我们工作奋斗的意义之所在，我们正是为之奋斗、为之努力，不可一味埋头于工作而让家庭落满灰尘。工作中的你理性、勇敢、谨慎、认真；生活中的你慵懒、慢动作、不想动。职业女性与妻子（妈妈）角色的冲突，如何妥善地解决？其实作为妻子的你，不管在工作中还是在家庭中，都需要根据具体情境，认真思考，想好解决问题的办法，这样才能有的放矢，过上惬意的生活。如何做到家庭、工作两不偏废呢，这需要我们每个人亲身体验后去思考、去学习，去总结经验，这样得来的智慧才是最适合自身的。当然，在亲身经历之前，我们也可以看看李燕、张兰、小美的故事，学习一下她们的经验。

连生两孩，再回职场已是物是人非

李燕是某小型互联网公司的客服部主管。今年30岁的她和丈夫陈启生了一个活泼可爱的女儿，女儿才满一周岁。陈启在一家外企公司上班，主管销售的他，业绩良好，年年考核都是优秀。陈启的事业完全没有受到任何影响，春风得意的他在朋友圈子中一直都是翘楚，家庭、事业双丰收。

生女儿时，公公婆婆赶来帮助这对小夫妻。在公公婆婆无微不至的照顾下，李燕恢复得很快，过了月子就重返职场了。她努力工作的精神得到了上级领导的认可。领导说："你们的家是很重要，公司的利益也很重要呀！如果

公司无法正常运转，就会被市场无情淘汰，每个人的饭碗都保不住，我想大家都不愿出现这样的结果吧！大家要像李燕学习，把工作的事情放在心上！"

然而好景不长。公公婆婆在帮着照顾孙女的同时，也在催促儿子媳妇抓紧实施"二胎大计"。他们并不是重男轻女，老人家觉得只生一个孩子不行，一怕出现任何意外，二来希望孩子有个伴儿。毕竟，在这陌生的城市，孙女连一个熟悉的玩伴都没有，怪可怜的。在公公婆婆的轮番轰炸下，李燕迫不得已又怀上了孩子。这次，她完全不敢告诉领导。毕竟，她才休完产假不久，刚刚把手中的工作安排得妥妥当当，这个时候把怀上孩子的消息告诉领导，无异于投入一颗炸弹。怀孕前几个月李燕都藏得妥妥当当。但纸终究包不住火，时间一久，同事也就慢慢发现了这个秘密。这种消息传到领导耳中，领导自然火冒三丈。领导把李燕单独叫出来谈话，可木已成舟，怀孕已是既成事实。领导无法改变这个事实，只有把李燕调整岗位。慢慢地，李燕的工作被架空。领导开始重点栽培客服部的副主管小王，当初就是她传消息给领导的。小王一直单身，28 岁还没有结婚成家的愿望。作为李燕的竞争对手，小王一直密切关注着李燕的动向，终于让她逮住这个机会。毕竟是怀二胎，李燕的身体状况不是很好，虽然她仍然想保持以往的工作节奏，但往往力不从心。小王成了领导重点栽培的对象之后，气焰非常嚣张。李燕知道以后客服部将没有自己的立足空间，开始慢慢地利用自己怀孕的优势，经常向公司请假，甚至在快要生产的一个月里，专心在家养胎。公公婆婆安慰她，对女人而言，家庭才是第一位的，只要家庭美满，当不当领导又有什么关系呢？李燕也用这话来自我安慰。

孩子终于出生了，如公公婆婆所愿，确实生了一个男孩。公公婆婆和丈夫欢天喜地。对于工作的事，李燕心里开始犹豫、担心。如其所料，生完孩子后，李燕回到公司，人力资源部的负责人告诉他，客服部主管已经调整为小王，她现在只是客服部的一名普通员工。回到客户部，以前的下属成了跟她身份、地位一样的同事。虽然李燕经验很足，有心理预期，仍然忍受不了小王的故意打压。半年后，公司上层领导大换血，分管客服部的新领导做事雷

厉风行，奉行霹雳手段，对于李燕这样的二胎妈妈也是毫不留情。李燕发现自己在公司找不到工作的乐趣和热情，逐渐心灰意冷。自己是不是该放弃这份工作，回家做一个全职太太呢？她心里这样默默地盘算着。公公婆婆一听这个提议，马上反对，毕竟养两个小孩的经济压力非常大，即使陈启收入还不错，但公婆一想到未来可能面临的高额教育投入，就坚决反对李燕辞职；而且，在陈启的眼里，客服部的工作毫无技术可言，他完全无法理解李燕的内心煎熬。连生两孩，完全改变了李燕的人生轨迹。未来究竟该何去何从，李燕心里也没有答案。

议一议

随着经济社会的发展，传统的男主外、女主内的分工模式逐渐发生转变，越来越多的女性走出家庭，进入职场。女性在职场中驰骋的同时也带来了一个普遍问题，即如何平衡家庭与工作。面试女性时，考官经常问到这一问题，而面试男生时则往往不会提这样的问题。这是为什么呢？因为在人们的潜意识中，家庭才是女性的主战场，家庭中的大小事务应该都由女性来主导，这是一种顽固的偏见。通常，我们对职业女性都有双重期待，一方面，公司期待她努力工作，为公司、社会做更多贡献，带来效益；另一方面，又希望职业女性能扮演好贤妻良母的角色，兼顾工作和家庭。其实在精力和时间有限的情况下，职业女性很难做到两者之间的平衡，尤其像故事中李燕遇到的这种情形。连生两个孩子，身心损耗大、经济压力增加，再加上丈夫轻视自己的工作，李燕内心的委屈和苦楚相信大多数人都能体会。李燕怀第一胎时，在公婆的照料下没有耽误工作，得到领导赏识；怀第二胎时利用怀孕优势多次请假、休假，破坏了公司与员工之间互相信任、理解的关系。相信该公司有了李燕这一先例，后面女职工怀二胎时得到公司的体恤将会更少。李燕一方面要面对公公婆婆给的压力，要在家庭中维持贤妻良母的形象，另一方面在公司要面对同事之间的竞争、新领导的挤压，真可谓是困难重重。

其实在该案例中，李燕亲自为自己的职业未来埋下了炸弹。第一，没顶住公婆的压力，一胎孩子出生不久就怀

上二胎。李燕身体较弱，后来的孕期反应大，影响工作，这应该也在预料之中。第二，李燕没能巩固好自身在公司的位置，致使竞争者小王轻易上位。第三，李燕利用怀孕优势，多次休假、请假，破坏了公司与员工之间信任、理解、互助、合作的关系，为后来的降级换岗埋下了伏笔。

并不是每一个怀孕的职业女性都必然遭遇降级、降工资、换岗等事件，而正是因为有部分女性在怀孕期间公开利用公司、国家制度，恶意破坏规则，所以职场中才会容不下怀孕妈妈。如果想要在家庭和事业中取得平衡，作为职业女性，应该提前想清楚未来可能遇到的困难，筹谋如何应对，而不是匆忙做决定，给自己的职业发展留下隐患。在生儿育女这件事上，李燕应该让丈夫陈启也承担部分责任，这份责任并不仅仅是指经济上的，以后遇到问题时才能得到丈夫的理解。当然，评论他人事简单，真发生在自己身上，可能我们也无法做到完美，唯一能做的是做好这个心理准备。

82

故事2

她的生活，令人艳羡

"老婆，你辛苦了！没有你，我是无法取得如今的成就的。"王浩深情款款地对老婆张兰说。今天是王浩和张兰结婚五周年的日子，王浩刚好取得了项目主管的位置。夫妻俩为了纪念这特殊的日子，特意选择了一家高档餐厅。在鲜花、烛光的衬托下，夫妻二人看着对方，在浪漫的气氛中，仿佛回到了五年之前刚结婚的时候。

那时，张兰是一家服装公司的人力资源专员，她工作勤勤恳恳，性格外向活泼，很会处理员工关系。上级对她极为看重，多次释放出过了年底考核期就升她为主管的信号。张兰认识王浩时，王浩只是航空公司一名普通的项目

工作人员，他外形壮硕，幽默健谈。并且王浩家底丰厚，父母是市级地区的领导，他又是家里唯一的独生子，父母对他倾注了大量心血。公公婆婆对张兰这个儿媳妇非常满意。两人相恋不久，就领证结婚了。结婚典礼上，王浩向张兰发誓，一定会让她过得幸福快乐。

新婚后的张兰很快怀孕了，由于身体素质较好，怀孕初期一直都是自己注意着，没有特意请公公婆婆来照顾。张兰非常小心，丈夫下班后也飞奔回家照顾她，孕期也过得相当顺利。儿子出生以后，原本寄希望于公公婆婆来照顾，结果公公婆婆担心因为育儿观念的不同导致两代人出现冲突，不愿意来。张兰无奈，只好在休完产假后向公司提出辞职。公司领导虽然非常舍不得这么一位优秀的人才，也只能同意她离职。

离职后的张兰开始也不太适应。她不用早起挤公交了，但得早起为老公做早饭。儿子太小，需要妈妈整天陪伴照顾，但是家里有大量的家务等着她做，她只能忙里偷闲，等着儿子睡着了才去做家务。张兰的身体走形变样了，也不像工作时那么爱打扮自己。儿子晚上爱哭闹，老公王浩晚上睡着了什么都听不见，难为做母亲的她夜夜起来喂奶。几个月过去了，张兰跟从前判若两人。以前她可是走路自带光环的职场女精英，而现在的她脸色憔悴、黑眼圈明显、皮肤松弛。同事来家里看望她，大为惊奇，不少年轻的女同事都感叹她为儿子牺牲得太多。她的牺牲并没有换来老公的满意。相反，老公对她目前的状态甚至有一点嫌弃。老公经常问她，不就是照顾一个孩子，怎么把你累成这样？一个周末，王浩还在补觉，张兰喊他起来照顾儿子。老公发火了，张兰心里觉得委屈就跑回了娘家。就这样，王浩单独带了一天的孩子，晚上大喊受不了，苦劝张兰回家。张兰终究舍不得孩子，第二天一大早就回来了。

从此以后，张兰开始思考，如何规划好全职太太的生活。首先，她心里下定决心，做全职太太不能跟社会脱节，每天再忙也要抽空看新闻、看书，跟上社会发展。其次，她知道，随着孩子逐渐长大，自己可以有更多的空余时间发展事业的"第二春"，不能荒废了时间和自己的能力。于是，她仔仔细细地把每天的时间安排妥当，跟老公

商量家务分工。上午，她做好家务。下午，她趁儿子睡着了研究宝宝辅食搭配，一边研究一边听新闻和时事热点，做好的辅食成品送给其他宝妈作为礼物。晚上，老公吃完饭后，她收拾好家务就出门锻炼，有时就出去做做头发、跟闺蜜逛逛街。锻炼回家，把儿子弄睡着了，夫妻两人开始相拥而卧，分享一天的心得。她做的婴儿辅食在朋友圈中口碑良好，朋友们纷纷帮她宣传。慢慢地，她开始有了固定的客户。这份兼职工作带给她的不仅仅是固定的经济来源，更重要的是给了她面对生活的勇气和自信。正是因为她的支持，老公王浩在事业上蒸蒸日上，儿子健康快乐地成长。她不仅仅是在朋友圈中过着令人艳羡的生活，而是真实地拥有着幸福和爱！

议一议

对于已婚女性而言，生子后是否完全回归家庭，是人生中的一个重要抉择，而成为一名全职太太则是一个女性人生的重要转折点。回归家庭后，全职太太奉献给家庭的时间多了，属于自己自由支配的时间则少了，再加上退出职场后逐渐与社会脱节，就形成了俗语中"一孕傻三年"的情况。而故事中的张兰做了一个很好的全职妈妈的示范。一开始张兰从职场退出，全心全意做全职太太时也不太适应，出现了很多问题，让她苦恼不已。全职太太的自我认同感往往较低。受社会主流文化的影响，不少全职太太也对自己的劳动看轻，认为自己在家照顾孩子带来的价值比不上在外工作的丈夫。其实不然，只要我们稍微对家政服务市场有所了解，就会明白全职太太的工作所创造的价值有多大。王浩最开始也对张兰颇多抱怨，当他做了一天全职爸爸后就开始明白妻子的辛苦了。

当一个全职太太其实非常不容易。首先你要有承担这一选择的勇气。电视剧中经常上演的全职太太与小三斗争的剧情可能会发生在你身上；与朋友聚会时，朋友们都在吐槽老板、上司，而你虽然心中也有满腹委屈却只能默默无言；想要丈夫拿钱出来买衣服和化妆品时，丈夫对你的埋怨……充足的心理准备、事先的沟通协商是作出退出职场、回归家庭决定时必备的要素。其次，作为全职太太，要跟张兰一样，保持自己人格的独立。你的生活不能全部

围绕着孩子的吃喝拉撒，还应有自己的生活，比如去健身房锻炼、偶尔与朋友小聚、参加社区活动等，这些都是增强自身能力、扩大视野、加强与外界联系的办法。如果你也像张兰一样拥有不错的烹饪技能，可以制作一些食物与其他的全职太太交换，互相扶助，给予支持。总之，尽量让自己的生活充实起来，全职太太的生活也可以丰富多彩。做一个拥有智慧、自信、勇气和毅力的全职太太，你也能像张兰一样，既实现了自我，同时又很好地推动了整个家庭的发展。

故事 **3**

家庭、工作、兼职看她如何巧妙处理

"老公，今天是周末！我们白天要拍美食视频，晚上要照顾宝宝。你还记得上周我们上传的视频吗？观看的人数超过了百万耶！老公你的剪辑做得特别棒！亲亲，我的老公！"说完小美就抱着身边的老公小丁亲了起来。小丁一大早被老婆夸上了天，自然心情十分美丽，屁颠屁颠地就起床跟着老婆继续搞他们的美食创作了。

小美今年 30 岁，是一名普通的白领。周一到周五，她的身份是某公司的行政专员，一到周末她就转换成互联网上的美食达人。她和老公合拍的美食视频引起了很多粉丝的关注，他们的生活与工作平衡模式也被人们称赞。今

日的美景完全归功于小美五年前的规划。那时，她跟小丁刚结婚，夫妻俩在父母的支持下，买下住房，每月用公积金还房贷，日子过得美滋滋。小美鼓励小丁认真工作，夫妻俩结婚前三年一直没有要小孩，即使小丁的父母早早就在催促。

"我们要做好准备才能要小孩！"小美对小丁的父母说道。

"生小孩还要做什么准备啊，顺应天意呗，你现在年轻，早生恢复得快！"

"可是，我跟小丁都才工作两年，在单位还没有站稳脚跟，我们想等条件成熟了再要小孩。"小美回答道。

小美早早就跟小丁通了气，两人一致认为要先把经济基础打牢才能谈生小孩的事，他们都想给自己的小孩最好的生活。由于夫妻两人的坚持，尤其是小丁在父母面前的强硬态度，生孩子的事一拖再拖。夫妻两人的生活并不是全部在卿卿我我，他们充分利用空余时间提升自己的能力，考取各项资格证书，为自己镀金。公公婆婆和岳父岳母看到小两口对未来的规划很明确，也不再催促了。

　　结婚第四年，小丁和小美双双升了职，工资收入比以前有了提升，再加上平时夫妻两人生活计划有方，每年仅旅游一次，衣服鞋子也尽量买质量好的而不求时髦，因此攒下了一些钱。这时条件具备了，夫妻两人开始备孕。怀胎十月，小美顺利生下了一个健康的儿子，为这个家庭增添了新的生命。儿子的到来并没有打乱小夫妻的阵脚，他们在小区附近租了一个一室一厅的小房子，请求男方父母来帮忙。周一到周五，小美夫妻两人白天上班，晚上来公公婆婆住的地方吃晚饭，把孩子抱回家，晚上由小夫妻俩自己照顾。周末，两夫妻先把孩子送到岳父岳母家，然后开始他们的美食创作。夫妻俩周一到周五全身心投入工作，周末就愉快地拍摄美食视频。他们制作的视频质量很高，引起了很多粉丝的关注，也有广告商愿意投放广告，这为他们带来了不少的收益。小美把这些收益都作为儿子的生活费用，每月定期给公公婆婆和自己的爸妈。双方老人不用自己掏钱又能享受天伦之乐，自然少了怨言。

　　朋友们都很羡慕小美。相对而言，许多人结婚生

子后，家庭、工作都被搞得一团糟；而小美夫妻俩齐心协力，为自己的孩子营造了一个健康舒适的成长环境，工作、家庭、兼职三不误，这其中可少不了小美的智慧！

议一议

这是一个人人都有副业的时代。白天的你是教师、是白领、是厨师、是会计等，晚上的你撕掉身上的标签，可能化身为美丽的主播、负责的滴滴司机、专业跑腿达人、拥有上万粉丝的网红、兢兢业业的微商等。这就是个人可以拥有多重身份，潜力得到最大发挥的互联网时代。只要你有想法，一切皆有可能。在每个人面前，都有很多条道路可以选择。对于职业女性来说，如果能很好地平衡职业和家庭，在空余时间之外，还可以发挥自己的特长，做一项自己喜爱的事业。当然，你也可以享受静谧的业余时间，这完全是个人选择，不存在高低之分。

当然，职业女性平衡好家庭、工作与兼职，这本身就是一个很大的挑战，需要付出很多的精力和心血。这条路看似美好，但实际上并不简单。故事中的小美就是一个聪明的妻子。她跟丈夫在婚后有长远的规划，合理地安排好工作与生育的事情，不急不躁，一步一步踏实地完成自己的计划。同时，夫妻俩非常勤奋，充分利用业余时间去考证、去学习，给自己充电，提升自身的社会竞争力，巩固自己在职场上的地位。学习是终生的事业，一旦停滞，会发现自己很快就跟不上这个时代。当然，最重要的是这对小夫妻的双方父母都给予了很大的支持。正是有了双方父母强有力的支持，小美和小丁才有机会在工作时间专注于工作，在周末拍摄美食视频。

当然，家庭、工作和兼职，这里面还是存在主次问题。正确认识三者之间的关系也很重要。家庭就像是漂亮的玻璃球，一旦落下，就会被摔碎，很难修补。工作给生活提供了必要的经济基础，不到万不得已不能轻易舍弃。当然，对某些人来说，兼职也很重要，但并不是最根本的东西。当然，如果你的兼职收入超过主业，兼职事业能带来长远的利益，那就是另外一回事了。如果实在忙得透不过气，也可以暂时缓缓，不必苛求自己和家人。家庭、工作和兼职，三者我们都想抓在手上，要想做好，那作为妻子的你就得参照一下小美或者身边成功女性的经验了。

（徐依婷）

TA YU JIA

CHAPTER 06 第六章

妻子与丈夫

说到男尊女卑，作为一种封建意识的遗留，它有自身的根深蒂固性，但男女平等观念逐渐走进我们的视野，慢慢唤起大家内心深处关于性别平等的追求。虽说每个个体都是独立的，但是每个人的婚姻价值取向或多或少都受到原生家庭的影响，有的家庭是原生家庭的缩影，而有的家庭是要避免掉原生家庭中的矛盾点。同时随着大众对于"自由"和"自主"的理解和渴望加深，在新的价值观的推动下，越来越多看似"另类"的婚姻模式也呈现出来。

故事 **1**

"夫唱妇随"的幸福生活

　　李某和唐某同龄，他们在朋友的牵线下，第一次正式见面。李某从朋友那里得知唐某后，一直就很仰慕他，朋友说把她介绍给他的时候，心里特别高兴，但是不好意思表现出来。想到和唐某的相识，李某笑得一脸甜蜜。儿时的唐某在当时的人民路小学读书，李某当时就读于复兴路小学。唐某不仅学习成绩优秀，作文写得也很棒，他写的作文经常被语文老师当成范文。后面唐某的语文老师调过来了，成了李某的语文老师，老师经常给他们传阅唐某的作文，当时李某就心里面就暗暗被这样有才华的人吸引了。

　　没想到后面还机缘巧合地在中学的时候，两人在一次校际篮球赛上邂逅了。李某看到了现实生活中的唐某。在球场上，唐某一次次跳跃，一次次投球深深地吸引了李某。李某一直不敢向唐某表示自己的心意，一直处于暗恋的阶段。在某年秋天，他们在朋友的撮合下，才正式相识、相恋，并于半年后步入婚姻的殿堂。唐某20岁时便失去了父亲，母亲没有工作，家庭经济条件不太好。"我家里穷，不能给你富裕的生活，但是请你相信，我会一辈子对你好。"结婚前，唐某向李某报"家底"。"没关系，我看中的是你的人。"李某不假思索地给出了坚定的回复，这让唐某非常感动。

　　筹备婚房时，唐某决定给未来的妻子一个惊喜。"以前她和我说过，希望自己将来的婚房与众不同一些。所以我决定自己粉刷新房，并按照她喜欢的风格布置家具。"唐某他白天上班，晚上设计布置新房，花了整整半个月才完工。那段时间也因连日的辛苦，整整瘦了一圈。结婚当天，看着蓝白相间的新房墙壁、错落有致的家居布置，李某激动地流下了泪水。

结婚后，两个人恩爱有加，一个主外，一个顾内，过着简单而又平凡的生活。由于工作关系，唐某经常出差，李某一个人不仅要上班，还要照顾婆婆和孩子，辛苦自不必说。可即便这样，她从没有怨言，默默地付出。只要唐某一回到家，她就会给他做爱吃的酸菜鱼，厨艺也从开始的生疏到精湛。

在幸福而又平淡的生活中，孩子们渐渐长大并独立生活了，老两口也有了自己的时间。李某与唐某一起唱起京剧，原先李某并不是很喜欢京剧，但是唐某一直是京剧迷，经常在空余时间拉京胡，哼京剧，慢慢地李某也爱上了京剧，两个人一起唱起京剧，还能时不时地哼几段《贵妃醉酒》和《凤还巢》。这些年，邻居们经常看见他们老两口一个在拉京胡，一个在唱京剧，夫唱妇随，其乐融融。或许唐某与李某之间这种夫唱妇随，就是大家所追求的幸福，平淡而不失趣味。

议一议

不同的人对婚姻的想法是不一样的，每一个人都有不

同的选择。婚姻中，大家可能觉得"夫唱妇随"是传统的思想，但是故事中唐某与李某之间的爱情和婚姻是幸福的，并不是传统的"夫唱妇随"。其实，婚姻中两个人之间有共同的爱好，有共同的想法，有共同的方向，这样的婚姻才会更加长久，更加安全。

爱情可以不用轰轰烈烈，有时候平平淡淡才是最好的。平淡而不失趣味，这才是理想中的爱情的样子，也是"夫唱妇随"的最好的样子。婚姻模式有很多种，每一个的想法不一样，需要的爱情也不一样，选择的理想婚姻类型也不一样。年轻的时候，每一个人都追求轰轰烈烈的爱情，但是在婚姻中都会选择平平淡淡的生活。婚姻双方一般都会经过相爱、相知直到相守的过程，相爱很容易，相知是最佳的，相守是最难的，所以说，陪伴才是最长情的告白。

现代意识的性别平等——我们都一样

　　杨帆与李雪结婚多年，李雪是一个高管，能力不错，家庭背景也不错，收入可观，杨帆在一家私企工作，能力不错，但是自身的收入不如李雪。结婚前，李雪一直认为杨帆是一个潜力股，日后一定会发展得不错的，比自己有潜力。在女儿出生后，家里面发生了一系列变化，在杨帆身上，李雪看不到一丝丝的希望，甚至怀疑自己是不是当初自己的眼光真的出现问题了，两个人之间一直有矛盾。

　　李雪实在忍受不了了，但每每看到自己的女儿，她又心软了，这天，她找到她闺蜜小陶吐槽，李雪说道："陶呀，你知道嘛，我发现我跟杨帆还是存在问题的，我的年

收入是我老公的三倍左右。我平时和婆婆一起住，女儿今年3岁带在身边。两年前，觉得他就是不上进，就是不如我。这一两年想通了和他的关系：只要我们还要一直走下去，我就要告诉自己和他好好过。我们曾经一说到钱的问题就吵架。大部分是我嫌弃他，而他不说话，导致我们真正交流的很少。可是最近我觉得自己慢慢有些女权的思想，我问自己，假如我们的性别倒转，我会不会这么纠结？"

小陶说道："你们两个就是交流太少了，容易出问题，你想想一个家庭里，不论男人还是女人赚钱多，两个人都是平等的。你之所以经常和他吵，其实是你自己内心对金钱的焦虑，和中国大部分的中产阶级不安全感的来源一样，只是你自己错误地把丈夫的收入当成这个不安全感的借口。你无法改变别人呀。""是呢，你说的也是很有道理的，只是我那时候就心里面堵得慌，现在嘛做好了丈夫一辈子不改变的心理准备。如果我们还在一起，我要负责处理好自己对经济的焦虑。事实上，也是因为家庭的经济压力，才能让我全力以赴的去追求事业，全家人甚至因为我的工作变动毫不犹豫地搬了两次家。没有这样的家庭状况，我也没有今天的收入。"李雪听完后，对自己的事情也有了自己的打算。

小陶听了后，说道："雪，还是有这样的心态，才是最好呢，你看看蓉蓉这么可爱，多好呀，要与杨帆多沟通了，不要紧，不要堵在心里面。记得有什么一定要跟我说，有我跟你一起分担哦。"李雪瞬间高兴起来，带着蓉蓉，和小陶一起去吃甜点，享受她们放松的方式。

议一议

中国女性社会地位的变化，按时间顺序可分为以下阶段：一是古代传统社会的男尊女卑；二是近代的女性解放运动；三是建国后的女性解放诉求；四是当代中国女性面临的新挑战。早期母系社会由于生产力的低下，氏族是靠女性的采集维生，由母系主导经济，随着生产工具的发展，生产力水平逐渐提高，主导权转由男性掌握，接着经济的进一步发展，男性在生产中占据了主导职位。到了 1949 年中华人民共和国成立，由人民当家作主，我国

女性社会地位的迅速提升才得以真正实现。

我国对于男女平等概念有很多种定义，总结之后大致分为以下四种：第一种是从我国宪法规定得出的"男女两性在政治、经济、文化、社会、家庭生活等各方面享有平等的权利"。男女平等这一基本国策不仅指的是男女承担同等的责任义务，还享有同等的社会地位。第二种是由第一次世界妇女大会中规定的男女平等的内涵得出的"男女平等是指男女两性在人格尊严和人生价值以及男女权利和义务、机会和责任的平等"。第三种认为，"男女平等是指机会和结果平等，机会平等指男女在政治、经济、文化、社会、家庭等领域上具有平等的参与权；结果平等指男女在政治、经济、文化、社会、家庭等领域上具有现实上的同等地位"。第四种认为，"男女平等是指男女作为人在社会与家庭中应受到同样尊重和对待，而不应存在基于性别的偏见和歧视，男女在社会家庭和其他领域中应享有平等的权利和机会"。

在新时代的时代背景下，伴随着经济的发展和时代的进步，男女平等这一概念有了新的内涵。现阶段可以将男女平等定义为：承认男女两性身心差异性的同时，保障男女在各方面的权利、机会的平等，只有男女都能够自由的发展才是真正的男女平等。当前男女平等的要求应不单单局限于在比例或数字上，而是要转而关注在意识层面的权利与机会的平等。过去的性别平等只是所谓的无差别的平等，对女性的身心健康都带来了损害，是另一种的不平等，如果只是单纯地拔高女性地位，强调男女都一样，会造成异化女性的后果，使女性陷入另一种不平等。

新时代的男女平等，看到了两性之间的天然存在的不能改变的生理以及心理的差异性，所以我们在关注男女平等的之前必须要承认性别的差异性。性别平等这个问题不单是女性地位的问题，而是两性之间的问题，现在更逐渐转变为整个社会、整个世界的新议题。

故事 **3**

另类的夫妻关系模式——
被放大了的自由

每一个人对待自己婚姻态度都不一样。王萍、李丽是两个形影不离的闺蜜，她们从出生就一直玩到大，包括小学、初中、高中甚至大学，两个人都选择同一所学校，经常互相分享自己的衣服、东西等。大学的时候，两个人对自己未来的规划有了明确的选择，但是对婚姻却没有明确的态度。两个人在后面的生活过程中，致力于自己的事业发展，完全没有考虑到自己的婚姻大事，经过家里面的多次催促，她们两个都通过形婚的方式选择了自己的婚姻大事，结婚一年多后，两人发现自己的婚姻出现问题，经常在吐槽自己的各种生活、工作上的事情。

　　这天，她们因为公司的事情约出来见面，王萍在提到自己的婚姻时，说道："我30岁结的婚，小帅在国企上班，经同事介绍而认识，刚开始相处的时候还比较融洽，双方有很多的话题聊，觉得男方也比较踏实，最终走上了婚姻的殿堂。结婚一年以后生了第一个小儿子，儿子上幼儿园，婚后这几年来，风风雨雨都经过了，不说没有麻烦，倒也还算顺利，与父母分开住，平时根本没有什么交集与他们，除了过年过节的时候在一起吃吃饭，其他就没有什么相处机会了。老人们比较开明，也没有什么要求，原本以为这样会幸福下去，可是慢慢地出现问题了，比如说对孩子的教育问题出现分歧，老公经常参加各种聚会和应酬活动，忽略了对家庭的责任，有几次还出现夜不归宿的情况，你觉得我能忍受得了他这样的行为吗？多次与他沟通，他还是不听，也没有达成共识，对于之前自己的结婚纪念日、生日这些都会为我隆重庆祝过，但是现在下来，这种节日就慢慢被忽略了。你说说这生活还能过得下去吗？"

　　李丽也是一筹莫展地说："是呀，咱们当时都选择形婚，不知道我们的选择到底是不是正确的。我现在的生活也是困难重重的，我们两个的结婚形式比较匆忙，没有谈多长时间就结婚了，然而结婚也没有办什么仪式，我们都选择了旅行结婚。关于财产这些我们也做了婚前财产公证，我们现在是越来越没有任何的交流，两个人之间只有孩子连接着，不然的话，可能早就说再见了，哎，工作也不顺心，一切都不好，现在的日子都好难熬。现在我感觉我的人生就是一场悲剧，我们两个是同病相怜呀。"说完，两个人面面相觑。

　　王萍回答说："说实话，身边有这样失败的例子，总结出来基本都是个性太强，容不得自己退步求缓，走不出各自的面子困境，还有就是做事容易忽略对方的感受，总是以爱的名义做着自己觉得正确的事。结婚就像我们完成了一个任务，以为那样子是幸福的，可是呢，并不是那样，我们的生活变成这个样子，这些都是我们意料不到的事情，只能为了孩子，暂时慢慢地过了。"两个人继续吐槽公司的事情，把公司的事情说完，两个人也才回家，各自打气，为自己的生活加油。

议一议

　　故事中的王萍、李丽在讲述着自己的婚姻，她们都是选择了形婚的模式，以为这可能是自己最幸福的模样，可是经过长时期的相处，一切发生了变化，不再是自己理想中单纯的婚姻的模样。这有可能与自己的原生家庭有关系，原生家庭会影响着人的婚姻模式。

　　美国著名家庭治疗大师萨提亚认为，一个人和他的原生家庭有着千丝万缕的联系，而这种联系有可能影响他的一生，当然也会影响他的婚姻关系。在每个人的一生中，对我们影响最早最大最久的就是原生家庭系统。很多看似是夫妻的问题，实质不是夫妻问题，而是原生家庭带来的成长问题；往往以前没有得到的满足，现在要加倍得到。过去的心理创伤，在与亲密的人互动关系中最常浮现。

　　不同的原生家庭，在家庭文化关系模式、家庭规则方面自然不同，两个来自完全不同的原生家庭的人，自己的性格、想法被潜移默化过后，大多数人就会在不知不觉间

109

复制着前辈的思维方式和行为模式。在亲密关系中，原生家庭的负面影响容易对亲近的人造成伤害，长时间下来，也对婚姻会产生影响。

婚姻模式有很多种，形婚只是一种选择模式，自己在选择之前结合自己的性格、原生家庭与对方家庭等各种因素，找到匹配的婚姻模式，使婚姻更好地发展下去，成为理想中的婚姻。

（刘佳欣　张　珍）

TA YU JIA

　　女人在婚姻中应做好生养孩子的准备，完成自己特有的使命；而且家庭是孩子早期社会化的重要场所，养儿育女是父母一辈子的修行。父亲角色与母亲角色同样重要，在家庭教育中，夫妻双方都承担着养儿育女的责任，缺一不可，这样孩子的成长才是最完美的。孩子的成长，是父母共同的责任。

生养孩子是女人的使命

在一间四合院里，生活着七口人，有从未出嫁的 60 多岁的姑奶奶和 50 多岁的孙婆婆。孙婆婆育有三个孩子，丈夫已经去世了。她的儿子小凡在机械厂工作，儿媳朵朵在舞蹈团工作，因为跳舞要保持身材，在饮食上，朵朵比较挑食。二女儿已经嫁人，但也一直生活在娘家；女婿开着一家小餐馆，生意不错。最小的儿子在读高中，正在准备高考。家中的生活起居由孙婆婆负责，日子虽然简单，但是家庭关系一直很和睦。小凡与朵朵结婚三年了，因为两人工作正值上升期，至今都没有生孩子的意愿。家中的父母多次催促，两人都以各种理由推脱了。

今天如何做妻子

她与家

　　有天下午，隔壁家的张婆婆带着自己的孙子过来玩。孙婆婆看着张婆婆的孙子在那里玩得不亦乐乎，心里有一丝丝的羡慕，心想：要是我孙子这么大，该多好呀！张婆婆可能看出了她的心思，说道："老孙，你家小凡他们怎么还不要个孩子呀？"婆婆笑了笑说："年轻人有自己的想法，咱们管不了的。"张婆婆又说道："咱们这两个孩子是一起结婚的，我孙子都要上幼儿园了，你就不催催？趁着这些年，你还带得动孩子，而且孩子都上班了，没人陪咱们了，只有这小娃娃陪着咱们，多好呀，一天天也不会太无聊。"这时张婆婆的孙子跑了过来，奶声奶气地牵着孙婆婆的手说："奶奶、奶奶，你来看这花花。"孙婆婆还是跟了过去，心里面想，今晚一定要催催他们。

　　吃晚饭的时候，孙婆婆见大家都到了，就说道："小凡、朵朵，你们也结婚三年了。你看小东的儿子都那么大了，你们两个也抓紧点，生个孩子。"小凡说："不急，不急，这不还早吗？"朵朵随声附和道："是呀，妈，再等等。"然后就开始埋头吃饭了，见他们两个还是这么个态度，孙婆婆就生气地说："不急不急是吧？你看看你们单

114

位的那谁，孩子都要打酱油了，你们还不急。以前总觉得你们以事业为重，但是现在事业都差不多了，你们还不急。"气氛突然尴尬起来，小凡立马说道："不是，妈，您别生气呀！这不朵朵是舞蹈演员，生孩子容易影响她的身材，不利于她事业的发展，而且我们也不会照顾孩子呀。我们两个都是孩子呢，怎么养育好一个孩子呀，太麻烦了！"孙婆婆一听这话，瞪了他两眼，没有说一句话，冷冷地坐在桌子旁边。

这时姑奶奶眉头紧锁，说道："朵朵，原本你们晚辈的事情，我是不参与的。跳舞虽然很重要，我们支持你们的事业，但是古话说'不孝有三，无后为大'，非常强调女性生儿育女的职责。虽然这话可能与现在的时代有点相悖，但是我们女人一辈子都要完成的使命就是生孩子，同时还要将孩子养好。无论我们的事业多大，结婚了，就要学会相夫教子，养育孩子，这都是我们的责任。古时候在家庭中，女人生小孩是为了巩固自己在家庭中的地位，而且女人生养孩子是男女两性在生理基础上的差别，只有女人有生养孩子的职能。当然这也是男女双方共同的责任，

但是女性在生育中承担着重要的责任。不要像我一样，当初自己太固执，现在后悔都来不及了。"说完流下了眼泪。朵朵看见情况不对，立马安慰道："姑奶奶，你不有我们嘛。听姑奶奶的，以后表演的机会还很多，生完孩子我再去。"虽然心里面不是很乐意，但是为了缓和气氛，朵朵答应了。听到这话，孙婆婆面露笑容："这才对嘛，养育孩子这事情，不要太担心，你们不会，不还有我们吗？我们会教你们的，也会帮你们带的。"小凡跟朵朵点了点头，大家又开始继续吃饭。

　　第二天，朵朵遇到自己的闺蜜小友，小友一脸高兴的样，一定有什么好事。看她这么高兴，朵朵搂住她的腰："友友，是不是有什么高兴的事情呀，这么开心。"小友说："朵儿，我怀孕了，三个月哦，你快看我的 B 超。"朵朵又惊又喜地说："你确定要生下来，不参与这次机会了吗？你不觉得生养孩子是一个麻烦的事情吗？而且我们又不会照顾小孩，这也太烦了吧！"小友边给她找检查单边说道："哎呀，你这事业狂，一天到晚就知道跳舞。你要为自己想想，女人最好的年华就是这几年，生孩子是我们的使命哦，工作机会多的是，真是的，你赶紧也怀上，我们还可以结个娃娃亲什么的。快点赶上我，小孩多可爱呢，怎么能说烦呢？作为一个新手妈妈，我们可能一时不是很适应我们的新角色，但是不要怕，现在不是有很多培训班嘛，我们两个可以一起上呀！俗话说：'老大照书养，老二照猪样。'我们学习学习别人的经验一定可以的，而且带孩子有很多乐趣的呢。到时候，你婆婆，你爸妈他们都会搭把手的，没事没事，放心啦。对了，我要去做孕检了。走，陪我去，反正今天不上班。"朵朵不想去，"我还有事情"。小友才不管她有什么事情，立马拉着她，往医院的方向走。

到了医院的妇产科，看到好多准妈妈，朵朵若有所思的样子。等小友检查完，小友看出她的心思，带她到婴儿房门口。看着里面躺着一个个小生命，朵朵说："好可爱呀！"这时有个小孩冲着她笑了，这一笑融化了她的心。这时，小友说道："朵朵，生育孩子，我们女人承担着很重要的责任。这不仅是个人行为和家庭行为，而且也有重要的社会意义。男女两性的生理构造不一样，咱们女性的

子宫就是孕育新生命的地方，这也是作为一个女人与男人最本质的区别，所以呀，你可以考虑考虑生个小孩了。"朵朵想了想说："确实是这样，不然怎么没有男人生孩子呢，我回去考虑考虑。"

一路上，小友说着对未来的规划，以后要带孩子去哪里玩，给他买漂亮的衣服，一家人去干什么……说得朵朵开始心动了，开始也跟着想象一家人去三亚旅游的场景。朵朵因为长期跳舞，好多东西都不愿意吃，对自己身材严格控制，她也知道自己现在的身体不适合怀孕。随后，她去医院检查身体，根据检查的结果和医生的建议，开始在饮食上下功夫，吃以前不愿意吃的食物，包括猪肉等高蛋白的食物，并且积极锻炼身体，使自己有一个好体质去迎接小宝宝，同时开始参加培训课，学习如何当一个新手妈妈。经过三个月，朵朵终于怀孕了，一家人都沉浸在这个喜悦中。

议一议

朵朵是一名舞蹈演员，她热爱她的事业。为了更好地保持身材，她在饮食上严格控制，是一个典型的事业狂，为了事业准备放弃生孩子。朵朵有着妻子、舞蹈演员、儿媳妇等多重角色，面临事业与生育双重选择时，朵朵多次选择了自己的事业。家里的长辈则认为在合适的时候应该生孩子，生养孩子是女人的使命，无论事业多成功，没有孩子人生也不会完整。两辈人对于生育有不同的看法。

从社会性别的角度看，家庭的功能是在人类生活和社会发展方面所起到的作用，是多方面的，它能满足人类与社会的需求，并提供生理和情感上的满足，具有生育、养老和个人安全等多方面的功能。其中生育功能表现在人们生理需求的满足、生存的需要和种族的繁衍等。家庭通过建立抚育、婚姻、夫妻关系等一系列的方法来保证生育功能的实现。而且生育是人类繁衍的重要行为，马克思将之归结在直接生活的再生产范畴。女性承担着生育的重要责任，它虽然是个人行为和家庭行为，但是也有着重要的社会意义。

西蒙娜·德·波伏娃在《第二性》中谈到"身体结构即命运"，认为人的生理结构决定着人的行为，男人与女

人的命运都取决于自身的生理结构。男女两性的身体构造不一样。医学家们将子宫中的生育功能看成是女性特质的根源。从生物学上看，男女两性具有不同的生物特征，双方身体构造不同，两性的性别角色存在差别。安·奥克利认为：凡女人都要做母亲，不仅是因为女性自身拥有子宫和卵巢，而且还应与社会和文化对女性的造就与规范相关；凡母亲都需要自己的子女，凡子女都需要母亲。费尔斯通在《性的辩证法》中谈到生育和养育孩子的欲望未必是真正喜欢孩子的结果，更多的是以孩子作为替代，满足自我扩张的需要。权利、财产等可以证明男人的成功；对于女人，孩子证明她在家里面的地位是非常重要的。因此，怀孕和生育是女性的生理功能。男人使女人受孕，女人怀孕和哺乳，是两性最根本的不同，这也是女性在生育中承担着重要责任的原因。

朵朵自身是一名新时代的女性，受到文化的熏陶，加上自身事业的发展，更多会选择不生育，缺乏对自身身体结构的认识。但是经过孙婆婆、姑奶奶、闺蜜的劝说以及看到婴儿房中的小孩，她慢慢地转变自身的观念，意识到作为女人生孩子的重要性，明确自己在家庭中承担的性别角色，对自身的身体结构有了全新的认识。决定生育后，朵朵深知自己的身体状况不适合生育，开始对自身进行合理的膳食，补充自身所缺少的营养，让自己更好地迎接一个小生命的到来。

朵朵能够在兼顾自己事业的同时，努力完成自己作为一个女人的责任，也是在家庭中角色的转变。生养孩子会给初为人父母的女性带来很大挑战，突然多了一个妈妈的角色，将面临如何带小孩，如何将他教育好，使他成为什么样的人……而且现在养一个孩子成本大，经济问题给新手爸爸妈妈带来了巨大的压力，如案例中的朵朵会考虑到多方面的因素，从而推迟或者放弃生育。所以在生孩子前综合考虑各方面因素，在合适的时候选择生育，同时为了更好地适应自己角色的转变，可以学习如何生养孩子的知识，适应自己的新角色，调整自己的心理状态，保持良好的心态去迎接新的生命。

今天如何做妻子

她与家

故事 **2**

你的成长，我们的责任

养儿方知父母恩，养儿育女是父母一生的修行。王芳
与李雷生活在一个小城市里，王芳是一名初中英语老师，
担任初三（3）班的班主任；李雷是一家跨国企业的经理，
每天忙于工作与应酬。两个人育有一个正在上高中的儿子
和一个正在上小学的女儿，在外人看来是十分幸福的样
子。实际上家中存在着矛盾，在孩子的教育问题上，两个
人的态度不一样。王芳可能因为自身职业的影响，对孩子
们的学习管教比较严格，而李雷从小对两个孩子的学习不
管不问，觉得自己太忙，只能给孩子们提供物质支持，其
他的方面找王芳；同时他对孩子既放任又宠溺，孩子需要

什么东西，他都会支持。王芳觉得有些东西不适合孩子的年龄层次或者会影响学习，不赞成李雷的做法，但是李雷却不听，每次都会偷偷地满足孩子的要求。这让王芳很头疼，两人经常因这些问题吵架。

儿子小科处于青春期，性格叛逆，总嫌妈妈唠叨，感觉妈妈把自己当成她的学生一样在教育，管束太多。他在学校里本来就受到老师过多的约束，回家只想放松一下，可是妈妈总是让他学习，对于他的日后发展有很大的规划，可他不喜欢那样，只想有自己的选择，希望妈妈能够尊重他的选择。在学习上，小科的成绩一直都是优秀的，对于未来也有自己的想法，不希望妈妈对他的学习、生活管得太多。女儿小婷正在上小学三年级，学习成绩一直还可以，可能家人过于宠溺，养成了骄横的习惯，像个小男孩一样，最近还与班里的小男生打架，近来王芳已经多次被老师叫到学校里谈话。加上这学期自己的课程比较紧，又是班主任，要处理好学生情绪、学习上的事情，王芳忙得焦头烂额，现在还要处理家里面的事情，王芳感到心力交瘁，多次因这些问题跟李雷吵架。李雷还是一如既往的

态度，对孩子是放任不管。

到每年开家长会时，李雷星期天跟王芳说这星期二要开家长会。王芳答应了，可一看自己的计划，刚好自己星期二也开家长会，而且作为班主任，又不能请假，这该怎么办呢？她给自己的爸妈打了个电话，可爸妈去了妹妹家，赶回来是来不及了。公公婆婆年纪大了，不方便出门。王芳实在没有办法，晚上等李雷回来时对他说："雷呀，星期二你有没有事情呀？"李雷说："星期二我休息，怎么了？""能不能给李科去开个家长会，我星期二也要给同学们开家长会，没有时间去。"王芳边收拾碗筷边说。她以为李雷不会答应，没想到李雷说："可以呀，我好久都没有回学校了，刚好回去见见我的老师，约约李宁那小子打个球。"听到这话，王芳的心落下去了，没想到他竟然会答应，这怕是李雷毕业以后第一次回学校，他很兴奋地找他以前的球服，还有那双在鞋架角落里面的运动鞋，边找边对王芳说："好久没有打球了，想当年我球技可溜了，也不知道李宁那小子技术有没有提高，这次去跟他单挑一下。"王芳乐呵呵地说："李宁估计也没时间打球，这学期带高考班。"两人又继续寻找放在箱底的球衣。

　　到了星期二，王芳依然早起送完女儿上学，就去学校守早自习去了。李雷到 11 点左右才起床，匆匆吃过早饭，就拿着自己昨天收拾好的东西去开家长会。到了学校门口，要登记来访者，李雷跟保安大哥说自己是来给孩子开家长会的，保安大哥问他："你儿子哪个班呀"？这时他懵了，自己从来都没有问过儿子是哪个班，而且学校的变化真大，与之前自己上学时都不一样了。这可咋办呢？打电话给小科，小科估计在睡午觉，没有接电话。打电话给王芳，王芳为了准备今天的班级家长会，将手机放在办公室了。李雷有点心慌了，看了看表，临近开家长会的时间越来越近了。他没有办法，打电话给李宁，让李宁出来接他。李宁一问原因，才知道是这么一回事，都要笑死了，"咋会有你这样的爸，儿子读哪个班都不知道"，说完继续哈哈大笑。"哎呀，现在可不是笑我的时候，他教室在哪里？不然我要迟到了。"李宁说："二楼左边第一间，178教室，快去！等会完了，一起打球哦！"

　　李雷急匆匆地跑到二楼，走进教室，看到座位上都有

家长，他也不知道小科坐哪里，看着有空位的地方，就坐在那个位置。旁边的家长都不认识他，他是谁呢？邻桌的家长问同桌小松的妈妈，小松的妈妈摇了摇头，回过头来问他："您好，您是小科的家长吗？怎么都没有见过你呢。"李雷回答道："是的，我是他爸爸，我第一次来开家长会。我这位置坐的对吧？""对的对的，难怪没有见过你呢。"这时学生也走进教室来了，小科还是寻找自己妈妈的影子，没想到看到的是爸爸，自己都被吓了一跳。小松对小科说："小科，座位上那个男的是谁，是不是坐错位置了，你妈妈呢？"小松说："那个是我的爸爸，我妈估计忙吧，我也被吓到了，老爸这还是头一次出现在学校里。"说完笑嘻嘻地走到座位旁，"爸，什么风把你吹来了，我妈呢？""臭小子，见到我不高兴吗？你妈妈他们也开家长会，今天的家长会我来开。等会结束了，跟我和你李宁叔叔打球去！"李雷边摸着他的头边说道。"哦哦，我不想跟李老师打球，我怕他，这次他的科目我没有考好。他会不会公报私仇呀，打球的时候狠揍我？"小科认真地说道。"没事没事，怎么可以这样说你老师呢，你李叔叔在生物上很有研究的，好好地跟你李叔叔学。"

　　这时班主任进来了，李雷与小科的老师还是第一次见面。班主任在说完大家在学校里的表现后，说道："其实今天我们家长会的主题还有一个'是家长眼中的孩子'。各位家长，你们跟孩子相处了这么多年，应该是比较了解自己的孩子，应该知道自己的孩子是什么样子的吧？请各位家长将具体内容写在这张卡片上，我们到时候随机抽取来分享；而同学们的任务是将你们眼中的家长写下来。大家可以慢慢写。"拿到卡片纸，李雷沉思了好久，才发现自己对小科的了解实在太少了，或许今天换成王芳在，这张纸应该会写得满满的。偏过头发现小科的卡纸上写得密密麻麻的，尤其是在妈妈那一项写得可满了。时间到了，大家将写好的卡纸交了上去。

　　老师随机抽了一个，没想到第一个是李雷和小科的。老师念道："爸爸眼中的小科是一个懂事的孩子，认真学习，是个好孩子。"小科还在满怀期待地等着老师念下去，可是老师说念完了，然后拿起小科的念道："我眼中的妈妈是一个对学生很上心的老师，很爱她的学生。作为我们

的妈妈，她总是把最好的给我们，每天上班前后，还接送我的妹妹。回到家中的她，完全是一个家庭主妇，照顾我们的生活，每天早起为我们做好早饭，而且时刻关注我们的学习情况，发现问题时，会主动跟我们聊天，倾听我们的声音，为我们付出了很多。对于爸爸，可以说是很陌生，一个星期我们见到爸爸的次数就两次，虽然爸爸每次都会满足我们的愿望，但是陪伴我们成长的时间太少了。记得妹妹幼儿园举办亲子运动会时，点名让爸爸去参加，可爸爸还是缺席了，最后没有办法，我去了。看着其他小朋友都有爸爸陪着，妹妹生气了一天。在我印象中，爸爸的陪伴与教育真的很少。这是小科一家眼中的对方。我们暂时不做任何评论，我们来看看下面是哪位同学的呢。"

老师继续抽，直到抽了 10 名同学，同学们眼中的妈妈都是陪着自己成长，而爸爸常会因工作忙，没时间教育孩子，缺席孩子的成长。老师深有感触："各位家长，我们班的情况你们听了，应该大致有了解了吧？家庭中只有妈妈或爸爸一个在教育孩子，孩子的成长由一个人负责，另一个就是典型的事业狂，每天忙于自己的工作，以为给孩子最好的就是用金钱去帮他安排好一切，满足他们的各种利益需求。可是大家真正了解孩子最需要的是什么吗？其实他们最需要的是你们的陪伴，孩子的教育不能只由一方负责。对于孩子的成长，作为家长的你们都要负责，不能将孩子的成长全交给一个人负责。家庭是孩子早期社会化的重要场所，父亲角色与母亲角色同样重要，而且夫妻间平等、和谐的关系对孩子的健康成长至关重要。父母应该针对孩子不同时期进行教育，主动承担对孩子的教育。"

李雷听后，陷入了沉思："这么些年，自己确实是因为工作从来没有尽到做父亲的责任，从来没有辅导过孩子的作业，也没有对孩子的平常琐事上心过，全都是由王芳一个人负责。是时候好好反省自己了！孩子的成长，需要我的参与呀。"会后，李雷主动留下，单独询问老师关于小科的一些事情，同时在去找李宁打球的过程中，从李宁口中来了解自己的儿子，没想到老师们都比自己了解自己的孩子。李雷感到很惭愧，这些年事业做得虽然很成功，但是自己对孩子，甚至整个家庭的关心真是太少了，妻子王芳确实辛苦。李雷会后还主动去接女儿回家。

回到家，李雷让孩子去做作业，还告诉孩子等会要检查。王芳大吃一惊，丈夫今天开家长会回来怎么变化这么大，是不是受到批评了？小科是不是在学校犯错了？王芳边切菜边问："雷，今天开家长会遇到什么事情了吗？"李雷说："今天老师让家长和孩子互相写眼中对方的自己，我对小科的了解寥寥无几，小科对我的了解也少。我在这两个孩子成长的过程中缺席太多了，小科写到我经常上班、加班，没有时间去陪伴他们成长，更多的是提供物质支持，其实他更想要精神支持；而对于你的了解，他写了大半页纸呢。今天我又向他的各科老师了解了一下，小科其实很懂事，有好多我没有看到的优点，他们都跟我说了。现在我越来越感觉自己做得不够，孩子的成长，我也有责任。你赶紧去休息一下，今晚我来做饭，好久都没有下厨房了，今晚让你们尝尝我做的饭。"王芳笑了，看来这次家长会李雷知道了很多东西，真正了解到孩子们的需求了。

女儿听到爸爸做饭，马上跑过来说："爸，你做的饭能吃吗？还是我妈做吧。"王芳回答道："怎么不能吃了，你爸爸做饭可好吃了，以前都是你爸爸做饭的，相信你爸爸的厨艺。你做完作业，咱们就吃饭了。"女儿听了半信半疑地回去做作业了，等吃饭的时候，没有敢下筷。小科这时刚刚下晚自习，看见有自己爱吃的鸡翅，立马就吃了一个，怎么味道不一样呢，不过还是蛮好吃的。妹妹问："哥，好吃吗？这个爸爸做的。""好吃呀，跟妈妈的味道不一样。哇噻，爸爸会做饭呀，不错不错，美味极了！来，哥给你夹一个。"看着他们吃得很开心，李雷笑了，很少有这种一家人在一起吃饭的画面了。"爸爸爸爸，以后咱家的饭能不能都你来做呀，好好吃哦，比妈妈做的都好吃。"女儿跑过来在李雷怀里撒娇。"好好，以后都是我给你们做饭，小馋猫！来，小科吃这个虾。"一家人欢声笑语度过了一个愉快的夜晚。

从那天起，李雷一有时间就给孩子们做饭，无论回来多晚，都帮孩子们检查作业，周末则带一家人出去玩，经常与王芳讨论如何将孩子们教育好，尽可能找时间去陪伴他们。

议一议

养儿育女是父母一辈子的修行，王芳与李雷对孩子的养育方式不一样。在他们家庭中主要由王芳承担教育孩子的重任，李雷常会因为自己工作的原因而疏于对孩子的教育，总以为自己能够满足孩子的物质需求就好，而且在心里面认为王芳是老师，在养育孩子方面比自己更有经验，她应该多负责些。王芳扮演着妈妈、老师、妻子的角色，在多重角色的压力下，她处理得游刃有余。李雷扮演着父亲、公司经理的角色，在事业与家庭之间选择了事业，对于孩子的养育只停留在物质层面上，没有尽到自己的责任。

家庭作为儿童早期社会化的重要场所，父亲角色和母亲角色同样重要，父亲角色长时间的缺失，会使孩子缺乏安全感而过于依赖母亲。家庭在强调母职的同时，也注重强调父职。两者同时互相协作与支持，孩子才会更好地成长。女性在中年期主要应付的问题是对孩子的教化，生育使女性获得双重的身份，一方面她们是社会化的对象，另一方面她们因为母亲的身份而成为社会化的主体，会影响到孩子们，自己的性别意识会融入孩子的成长过程中。男性在这个时期过多的是关注自己的事业与成功，因为社会对男性的评价与要求只注重于事业的成功，这也给男性带来了很大的心理压力。

在传统的性别文化中存在着一种角色期待，母性是女性的本能，养育子女是她们的天职，这种对女性性别角色的意识是错误的。男性的性别分工过多的是承担从家庭外获取资源，以及供养家庭成员的责任，以致使男性过多关注自己的事业和物质追求，虽然履行了养的职能，但缺乏对孩子的教育。据调查，父母共同的养育行为比其他只有母亲或者父亲一方高参与型、父母对立型等都有优势。协作支持和主动参与孩子的成长过程，对立冲突就会少，而且孩子在成长过程中人格也能得到更加全面的发展。所以在养儿育女的过程中，男女两性相互协作与配合是非常重要的，也是父母共同的责任。

案例中婚姻与家庭的责任过多同王芳联系在一起，这样给王芳带来了极大的角色冲突与压力。过多的将女性禁锢在私人领域，过于局限在家庭内发生作用，容易造成女

性的双重角色冲突，给女性带来心理压力。李雷重心过多放在事业与成功，其实无意中也给自己带来了压力与负担，导致自己整天忙于工作，无暇顾及孩子的教育；而且自身存在错误的性别角色观念，认为养育孩子主要是女性的责任。在一次家长会上，终于意识到自己与孩子之间沟通较少，而且在孩子成长过程中缺乏对孩子的教育与陪伴，一直以为满足孩子的物质需求就完成了对孩子的责任。好在李雷能够及时地改变自己的意识，认识到孩子需要爸爸更多的陪伴，纠正了自己对于养儿育女这件事情的看法，从此改变了自己的做法，承担起养育孩子父亲应担负的责任。

故事 3

缺失的爱

　　刘华与张丽 20 年前自由恋爱结婚，育有一个儿子小刚，现在 15 岁，正在上初中二年级。当时刘华跟张丽谈恋爱时，遭到张丽父母强烈的反对。在张丽父母眼中，刘华就是一个不靠谱的男生，在一个私人公司上班，收入比较低，而且还要还房贷，家里的负担比较重；张丽有稳定的工资，工资收入高于刘华，自己家的房子是一次性付清，感觉自己的女儿嫁过去只会受苦。可是张丽非常喜欢刘华，拒绝了父母给她安排的相亲对象，毅然决然地要嫁给刘华。父母拗不过张丽，只能答应，并且给她准备了丰厚的嫁妆。可是张丽嫁过去与公公婆婆住在一起，婆媳关

系紧张，常常因为一些鸡毛蒜皮的事情吵架。刘华没有多余的时间去帮张丽解决问题，直到她生下儿子小刚，家里的矛盾才渐渐减少了些许。

但是又出现了新的问题，家里的老人与自己带孩子的方式不一样，张丽更多的是让孩子在卫生、干净的环境下成长。老人带孩子依然还是像以前一样用老方法去带，导致很多时候会因为孩子的问题而吵架。张丽买了尿不湿给孩子用，婆婆认为尿不湿不好，非要用以前的衣服剪成布条给孩子用。由于没有完全消毒，导致孩子长湿疹。刘华从来都没有去管这些事情，认为这些事情她们自己解决就行，自己天天上班已经很累了，不想管家里的这些事。每隔一段时间因为各种各样的事情，家里都得吵一次架。张丽在坐月子期间没有完全养好，就回去上班了。两个人上班早出晚归，夫妻之间很少有沟通，慢慢地关系出现了问题，经常会因琐事吵架，最终两个人以离婚收场。张丽把孩子带在身边，孩子跟着她一起回到娘家一起生活。

张丽抚养着自己的孩子，每天上下班之余，还要照顾孩子，但庆幸的是自己的父母会帮忙照顾。在小刚上幼儿园的时候，学校要办亲子运动会，必须父母与孩子一起完成运动会项目。接到通知的张丽，立马跟老师说明她离婚的事情，看能不能不参加，或者是能不能让孩子的干妈一起去参加。老师鉴于他们家的特殊情况，让张丽可以带着孩子的干妈一起参加。到运动会的那天，其他小朋友都是爸爸妈妈一起来参加，小刚看到别人都有爸爸，就问妈妈："妈妈，我爸爸呢？他怎么没有来。我希望我爸爸能陪我。"张丽突然心里一震，面露微笑地告诉他："你爸爸太忙了，出差到现在都还没有回来呢，这不让你干妈来陪你了嘛。"干妈小欢马上说道："刚子，是不是不喜欢干妈呀？干妈跟你一起跑，你还不喜欢吗？你这样，干妈会伤心的哦。"小刚立马跑过去，奶声奶气地说道："干妈干妈，小刚可喜欢你了，但是别人都有爸爸，我怎么就没有呀。""刚子，听话，你爸爸出差了，下次他一定回来跟你一起参加。你看，那里有气球，咱们去拿气球好吗？"小欢成功地转移了小刚的注意力，小刚拉着她去拿气球了。

运动会开始了，前面的项目一切都还好，小刚玩得不亦乐乎，可是到100米接力赛的时候，其他参赛的一棒是

爸爸参加，小刚只能让干妈参加。男生与女生跑步的速度不一样，小刚他们最终输掉了这场比赛，小刚心里不痛快，一路嘟着个嘴，很不开心。张丽买了好多玩具给他，他才高兴些。到第二天去幼儿园的时候，小朋友都朝着他说"小刚没有爸爸，小刚的爸爸不要他了"，小刚伤心地哭了，跟他们打了起来。老师把张丽叫到学校，说小刚打架了。张丽连忙道歉，问小刚为什么要打架。小刚哭着说："他们说爸爸不要我了，我没有爸爸，是吧?"张丽赶紧安慰道："你爸爸出差了，他怎么会不要你呢。你看，这个是爸爸给你买的礼物。"说着从车后座上拿出奥特曼给他，小刚才不哭了，好好地回家。

吃完晚饭后，小刚跟姥爷下去遛狗了，张丽与自己的妈妈聊到今天发生的事情，张丽说不知道该怎么跟小刚开口，他还那么小，不应该让他承受这么多的委屈。张母安慰道："没办法，这个事情早晚还是要让他知道的。只是现在他还小，等他大点我们再告诉他吧。"说完也掉下了眼泪。小刚的性格慢慢变得孤僻、懦弱，经常一个人待在角落里，不喜欢与同学玩。随着年龄的增长，小刚越发敏感，而且有时会易怒，不愿意与别人交流。对于爸爸这个话题，大家有默契，慢慢地不提了。无意之间，小刚听到姥姥与姥爷在说他的爸爸是一个无用的人、什么事情都做不好，保护不了小刚和妈妈。这无形中给他灌输的一种思想就是"现在他只有跟他妈妈相依为命，现在只有姥姥一家对他是最好的"。

慢慢地小刚在潜意识中将父母离婚的事归到自己身上，认为爸爸不要自己了，自己拖累了妈妈。于是小刚渐渐变得不自信，不信任别人，越来越不喜欢交朋友，经常一个人独来独往。离婚以后，刘华再也没有来看过小刚，只是每月按约定给他生活费，没有尽到作为一个爸爸的责任。现在小刚进入青春期，张丽觉得应该给他讲一些青春期的知识，但是不知道怎么开口，一直在找机会，因为最近经常都在加班，这个事情就搁置下来了。

小刚一直很争气，努力学习，学习成绩还不错。在今年参加了省级数学竞赛，他的成绩不理想，整个人的学习状态发生了改变，不再像以前那样是一个乖乖男孩，上课时不认真听讲，经常趴在桌子上睡觉，而且经常早出晚

归；个人的外形上也发生了变化，开始学会了抽烟，而且还打起了耳洞。最近张丽忙于工作，没有过多的时间去照顾他或者跟他聊天。一次，小欢在下班路上经过小刚的学校门口，看见一群学生在那里打架。小欢无意间瞄了一眼，在人群中看见了小刚，马上打电话给张丽："丽，你儿子在学校门口打架，你等会赶紧回家，我现在把他拎回去。"挂了电话，小欢冲进去大喊一声："警察来了！"一群人才停止打架，慌忙逃跑。小欢立马抓住小刚的书包，说道："小刚，快跟我回去，你跑什么跑。"小刚转头看见是自己的干妈，心里面还是咯噔了一下："完了，被发现了！"他只能灰溜溜地跟着干妈回到家中。

这时张丽已在家里等着他，一进门张丽立马喊他"跪下"。小刚还不情愿，张丽拿着鸡毛掸子把他打到跪下，"你什么不学呀，学别人打架，你看看你现在是什么样子，头发留这么长，像个学生吗？"边说边继续打他，他也不躲。这时张丽开始搜查他的书包，一拉开，一本书都没有，里面是几包烟、打架的铁棍。她将这些扔到他面前，再仔细看他的耳朵，天呐，这孩子还偷偷地打耳洞了。他到底想干什么？张丽看到这些气更不打一处来，她继续暴打，打到后面把鸡毛掸子打坏了，就直接上手，"你不好好学习，你弄这些干什么，看我今天不打死你。""你打呀，反正我是一个没有爸爸的孩子。你打呀，打死了，你省心了。"小刚回答道。这戳到了张丽的痛处，一下子瘫在地上。

小欢立刻把张丽扶起来，拉着小刚进入他的房间教育道："小刚，你不能这样对你妈妈，你妈妈跟你姥姥他们为你付出了多少。你妈妈既要管家里面的事情又要忙着上班，你应该体谅他，你没有发现她瘦了好多。干妈知道你是一个懂事的孩子，这次这样子可能是遇到什么事情了。以后无论发生什么事情，你可以跟你妈妈说，或者跟干妈说，干妈一定会帮你的。今天刚好你姥姥他们不在，不然的话，你姥姥会被你气到犯心脏病的。等会去跟你妈妈道歉，保证不会再这样了，会好好学习的。你休息一会儿，我去看看你妈妈。"说完小欢起身去看张丽，张丽哭着说："你看看他还是怪我跟他爸爸离婚的，这个事情对他伤害太大了，都是我的错。""不要想了，事情都这样了，你们

两个冷静冷静，等冷静下来，你去跟他谈谈，看看小刚突然这么大变化是怎么了，是不是发生什么事情了。现在你就不要太着急上火了，我去给你们做饭，你休息一会。"小欢向厨房走去。张丽轻轻打开小刚的房门，偷偷地去看小刚，发现他睡着了，身上全是伤痕，知道刚刚自己下手太重了，打在他身上痛在自己心里。张丽给儿子盖好被子后出来找药膏，等孩子睡醒了再给他搽药。

议一议

在成长的过程中，缺乏爸爸的陪伴，孩子的成长会受到很大的伤害，对孩子会产生不良影响，从而影响到孩子的人格发展。案例中的张丽与刘华离婚后，张丽获得了小刚的抚养权，并且带着小刚与娘家人生活在一起，承担着照顾小刚的责任。刘华自从离婚之后再也不管孩子了，小刚在成长过程中缺乏父亲的关爱，导致小刚的生活中缺乏一个父亲的形象。父亲那种坚强、刚硬的性格在小刚身上是缺乏的，他受到更多的是妈妈性格的影响，会偏女性化，同时会产生孤僻、粗暴、懦弱等心理问题。

家庭是孩子进行角色认知的重要场所，孩子在成长过程中是要与同性和异性接触的，形成合适的性别行为规范。在社会互动过程中，父亲独特的男性性格，如坚强、责任、勇敢、敢于冒险等特征，对孩子的成长是潜移默化的。对于男孩来说，父亲身上的男性性格，会成为孩子学习的内容。一个家庭中缺乏父亲的关爱，孩子的人格发展会慢慢偏女性化。现在社会中存在着过多的女性化，这与孩子从小生长的环境是分不开的。对于女孩来说，父亲是她人生中出现的第一个异性，是自己以后作为交友、谈恋爱、结婚的一个参考角色。而且对于女孩来说，长期缺乏父爱，在幼年时没有得到父亲的接纳和认可，容易使她怀疑自己作为女性的存在及其价值。缺乏男性偶像，女孩长大交友时常常存在缺陷，表现为任性、极端，对外界反映更敏感、刺激。同时长期缺乏父亲的关爱，孩子性格容易懦弱、胆怯、自卑等。与母亲相处，女孩养成了母亲的那种性格，但是缺乏了能够中和柔美的坚强力量；没有从父亲那里得到认可，男孩子学不到男性的特质。而且孩子在融入社会的过程中，容易形成社会交往障碍。在单亲女性

家庭中，子女缺失父爱，无法在父亲身上学习到社会交往的技能，容易产生社会偏差行为等问题。同时，无法正确地定位自己的社会角色，会导致自己缺乏正确的引导，产生一些心理问题。

中国青少年研究中心副主任孙云晓认为："中国孩子的脆弱、抗挫能力低等问题都跟父亲的教育缺失有重大关系，中国父亲在孩子独立性培养方面没有发挥应有的作用。"由此看来，父亲角色在孩子的成长过程中起到不可替代的作用。在小刚的成长过程中，父亲主动放弃了自己的职责，因此导致他自身缺乏关爱。没有父亲在生活中的正确引导，小刚产生了孤僻、粗暴、懦弱等心理问题，同时对于外界的打击，自身的承受能力下降，没有学会用正确的方式来对待困难。当自己数学竞赛失利后，他一直没有用正确的心态去面对自己所遇到的失败，自己的内心世界因此发生改变，从一个乖乖男变成了一个叛逆的、有偏差行为的男孩。

小刚正处于青春期，青春期的青少年情感的主要特点是耐隐性、掩饰自己的真实感受，在不同场合对不同的对象表现出不同的表情，以使自己的某些想法得到实现；而且具有冲动性，对自己情绪的控制力远不如老人，一旦遇到某种强烈的刺激，会突然爆发，以至于在语言、形态、行为等方面都会失去理智的控制。青春期的少年对待事情比较容易情绪化，处事比较冲动，亲子关系比较紧张、冲突严重。小刚在成长过程中，没有父亲的陪伴，缺少男性的榜样，没有习到作为一个男孩应对生活中挫折的方法，没有正确疏导自己的情绪，从而产生了偏差行为。而且从小缺乏父亲的认可与肯定，想通过改变自己的外形、打架等偏差行为来引起家人对自己的重视。

因此看来，在单亲女性家庭中，父爱观念的缺失、父亲主动放弃自己的职责以及父亲重组家庭的行为都会导致子女缺失关爱，造成子女在成长过程中严重的心理问题，产生诸多负面影响，甚至会毁掉孩子的一生，影响子女健全人格的发展。这个问题一定要引起家长和社会的重视。

（张　珍）

TA YU JIA

　　尊老爱幼是中华民族的传统美德，孝顺父母、尊敬长辈的传统自古有之。当夫妻两人组成了家庭，两人的社会关系便以婚姻为纽带联结在了一起，敬老便不只是子女一人的事情，也成为了夫妻双方共同的职责。该怎么做？什么方法是科学的？怎么把握其中的尺度？这是一道需要用智慧去处理的人际关系题。

我好像是个局外人

　　小齐和相恋一年多的男友走入了婚姻殿堂。人生进入新阶段，作为一名新媳妇，她既感到新鲜也有些惶恐。

　　按传统，结婚后第一年要到婆婆家过年。初来乍到，小齐觉得特别不适应，饭后一家人围坐在桌旁聊天、喝茶、吃水果、看电视，她心中时有忐忑，怕说话不得体产生尴尬。聊着聊着，公公婆婆和丈夫聊到邻居和朋友最近发生的事情，说得热火朝天，十分投入。这些话题小齐都不了解，也插不上话，感觉自己就像一个局外人。这种说不清道不明的委屈感她无处可说，只得假装目不转睛地看电视，其实竖起耳朵听他们说话，什么都没看进去。

　　丈夫发现了小齐的沉默，不动声色地摸了摸她的手。小齐一愣，看到了丈夫鼓励的眼神。她想起了来之前母亲的话，"就算是不清楚他们的话题，也是很正常的，毕竟他们相互之间本来就熟悉，重要的是你要表现出尊重和认真的态度"。于是，她调整了心态，微笑着在一旁聆听，偶尔点头应答一两句，也讲讲自己的见闻。心态放轻松以后，小齐便觉得时间没有那么漫长了。

　　婆婆偷偷和儿子说："之前看小齐爱搭不理的，以为她比较高傲，现在看来只是不爱说话罢了，还是挺尊重人的，看得出来她在认真听我们说话。"这番话经过丈夫的传达，小齐感到挺开心，看来自己的努力没有白费，果然主动的态度很重要。

　　公婆住在另一个城市，小齐平常工作繁忙，经常加班，便不能和丈夫一同时时回去看望，往往是丈夫一个人回去多一些。久而久之，婆家人便颇有微辞。有天丈夫从老家回来，听到家里人的抱怨，心情烦闷。小齐发完工作邮件，一转头看到丈夫脸色很不好，追问之下得知了缘由，不由得委屈起来，"我有什么办法？工作忙，婆婆不知道，你还不知道吗？""工作忙归忙，家里老人还是要关心的，妈说一年也见不着你几次面，也没说过几次话，时间长了感觉就像没这个媳妇一样。"

小齐觉得理亏，偏偏一时想不出办法，丈夫和婆家的不理解让她很是苦恼。这天在单位，同部门的王姐在网上下单买的按摩足浴盆到了，足足六个，大家都笑了，"王姐，你买这么多，一家三口要一只脚泡一个吗？"王姐说："正好搞活动，给家里老人也买了几个，这不是最近天冷了，老人泡泡脚更舒服。"小齐看着王姐，想起王姐和婆家相处得特别和睦，工作间隙就把自己的苦恼向王姐说了，向她取经。

"和长辈相处，最重要的还是一件件小事。其实咱们这工作性质，的确不能时常去看望老人。他们有意见，未必不知道你忙，但是感情上还是会觉得受冷落。其实啊，可以从其他方面补回来的。"王姐笑了笑，把自己和长辈相处的"绝学"，给小齐支了几招。

小齐是个聪明的姑娘，王姐和老人的相处之道给了她不少启发。她开始定期给公婆打电话问候，电话里讲讲自

己和老公最近的趣事，和婆婆拉拉家常，偶尔还把生活中一些琐碎的烦恼向婆婆请教。次数多了，两人关系也更加亲近了。在谈话和相处的过程中，小齐留意着公公婆婆的喜好，不时买些觉得老人合适用的东西让老公带回去。慢慢的，和公婆的关系也亲近起来了。

这天丈夫再次从老家回来，对小齐说："咱妈让我告诉你，别花这么多钱给她买衣服了，她说衣服太多了穿不完。"小齐笑了："妈那是心疼我们呢，她那么喜欢新衣服，最近又报了模特队，肯定喜欢活动的时候穿得漂漂亮亮的呢！"丈夫奇怪了："哎，你怎么知道我妈加入了模特队呀？我怎么不知道？"

小齐一眨眼睛："女人的爱好嘛！这可是我和妈之间的小秘密！"

小夫妻俩蜜里调油的生活过了一年，婆婆心脏出了点问题，最近要过来住一阵子，检查和调养一下身体。小齐提前把家里打扫得干干净净，一尘不染，东西整理得整整齐齐，希望给婆婆一个舒适的环境。刚开始还好，哪知住了一段时间，问题就出来了。

早晨上班时间赶，小齐习惯做几份三明治配牛奶，快速吃完就出发。婆婆不习惯，觉得又是生的，而且填不饱肚子，于是天天早起给他们煮粥、做包子、下面条，做新鲜早餐，几天下来消耗很大。小齐觉得婆婆是自己给自己增加了负担，"妈，三明治也挺好的，既有蛋白质又有维生素，营养很均衡，西方人都这么吃。""西方人那是西方人，中国人就该吃熟的、吃热的。""我这不是心疼您嘛，您心脏不舒服就不要天天起来这么早了。""我不累，做个早餐有什么不舒服的！"

工作强度大，夫妻两个没空，家里一般一个星期打扫一次。婆婆来了，看着灰尘心里不舒服，每天都要抹一遍家具、扫一遍地，干一会儿喘一会儿。这天小齐下班早，回来就看见婆婆倚在沙发上喘气，半晕不晕的，吓了一跳，赶紧送她去检查，原来还是累着了。夫妻两个都有点生气，"妈，说好了不干活，您怎么又干上了？""这地脏了，你们又不管，我看着心里不舒服。""您过来是调养的，又不是来干活的，您看您这样病情反而加重了，我们哪儿放心得下？""今天这就是个意外，我平常

都没事的。""实在不行，我们请个保姆来打扫家，照顾您吧？""花那个钱做什么，我又不是不能动！"

老人固执己见，非不听劝，这样下去对身体也不好。小齐和丈夫商量了一下，改变了自己的生活模式，早早起床，一个做早餐、一个打扫家，立志让婆婆没活可干。小齐还找了邻居家的张大妈，请她多过来邀请婆婆，参加太极拳的社团，偶尔结伴去附近的公园赏花、拍照，婆婆的注意力渐渐转移了，看着小两口用心良苦，再也没有抢着干活，心情好了，调养也日见成效。

议一议

传统文化中的"敬老"强调对父母的尊敬和奉养，规定了父母对子女的权力以及子女对父母绝对的顺从，成为乡土社会几千年来家庭治理的法则。而随着社会转型，代际关系逐渐向理性化和契约化转变，敬老文化逐渐从"绝对顺从"向平等和尊重过渡。科学敬老，尤其是怎样科学地孝敬丈夫的父母，对于一个妻子来讲，是一门需要用心的学问。

第一，要主动融入。所有的感情都是经营出来的，一开始对公婆来讲，你仅仅是他们儿子所爱的女人，他们对你有客气，有考察，有尊重，但并不会一下子产生感情。在相处过程中，主动的态度便是释放善意，让公婆可以了解你；同时，也要主动了解公婆，"知己知彼才能百战不殆"。为了以后相处得和谐，主动了解公婆的性格、喜好、习惯、观念，这样就可以有所侧重地处理好关系，避免雷区和误会。遇到矛盾，可以通过侧面问丈夫或者开诚布公沟通的方式去了解事情的缘由，避免因为误会而伤感情。

第二，要真诚关怀。人都是讲感情的，在生活上，把公婆当作自己的爸妈来关心，这样的关怀他们会感受得到。我们结合全国老龄办提出的新"二十四孝"行动标准，为妻子们提供了一些和丈夫一同孝敬老人的参考指南。比如，要常回家看看、共度节假日、时常打个电话、支持父母的业余爱好、常跟父母沟通，等等。

第三，要相互尊重。结婚不仅是两个人的事情，还包括两个家庭相互融合带来的社会关系，其中最重要的就是同双方父母的关系。两个家庭，所处的地域习惯、文化习

俗、生活理念可能都有不同，但是婚姻把双方父母联结在了一起。人与人相处，尊重的态度很重要。所以，尊重对方长期以来形成的习惯和价值观，是最基本的相处之道。在尊重的基础上，如果长辈有你看不惯的行为、听不惯的理念，不妨试着沟通。如果改变不了，也可以采用其他方式侧面改变，一刀切简单判断对方错了，是最不可取的。

尊重也是适当保持距离，在感情上，不要把公婆对自己好看作理所应当。公婆不是爸妈，但可以是朋友，抱着这样的心态，处理相互关系的时候，会更加客观、平和。

我是个不孝的妻子吗?

听到丈夫要离婚,张婷一瞬间炸了。怒火一过,她的心里既困惑又委屈,不明白自己对公婆管吃管喝管住,可以说是仁至义尽,怎么还被控诉,扣上不孝的"罪名"。

张婷是朋友眼中的"辣妹子",为人处事风风火火,性格强势,家里的经济大权都握在自己手上。婚后买了房,丈夫便把公婆接过来一起照顾。公婆没有收入,吃住开销都依靠夫妻两个。小两口平常上班辛苦,都是公婆收拾家务、做饭洗衣。张婷也觉得很正常,毕竟吃住都是自己家出钱,他们干点活也是理所应当的。这两年生了儿子飞飞以后,一家子的开销渐渐入不敷出,张婷

心中的牢骚不满也是与日渐增，觉得公婆增添了家里的负担。

最近飞飞面临小升初，夫妻两个合计给孩子报个补习班，可囊中羞涩拿不出钱来。一家人吃晚饭，桌上的菜咸了，张婷便阴阳怪气地数落起婆婆来，"这是把咸盐罐子打翻了呀，妈您这可真是不当家不知道柴米贵。"

丈夫听了心里不是个滋味，"行了行了，不就是菜咸了点吗，多喝点水不就行了。"

张婷一下子火了，"现在连飞飞上补习班的钱都拿不出来了，这日常花销还不都是我们一点点挣出来的？这里浪费一点、那里浪费一点，滴水穿石，养活五口人哪儿够！"

没法给儿子补习班报名，丈夫自己心里也很愧疚，虽然知道妻子是在借此发泄不满，也只好咽下反驳的话。两个老人一声不吭地默默吃饭，觉得儿子媳妇不容易，也只能把委屈吞进心里。

这天晚上 8 点，张婷加班回到家，丈夫还没回来。飞飞扑过来抱住自己的腿直喊饿，细细一问，得知儿子晚餐只吃了点饼干。张婷心里很不舒服，到婆婆卧室一看，公公不在家，婆婆躺在床上睡觉呢。她觉得婆婆偷懒，便气不打一处来，于是摔摔打打地开始做饭。婆婆听到声音醒了，要水喝，张婷头都不回，"你有手有脚的，自己倒不就行了！"

　　过了一会儿，公公回来了，手上提着退烧药，原来婆婆今天感冒浑身无力，晚饭就用饼干随便对付了一下。张婷这才感觉自己冤枉了婆婆，又因为自己的自尊心，说不出什么道歉的话，一来二去，就这么僵持了下去。

　　周末得闲，张婷带着飞飞去游乐园玩，买了一杯饮料，看儿子喝得香甜，起了逗弄的心思，"飞飞，妈妈渴了，喂妈妈一口？""妈，你有手有脚，干嘛要我喂？自己去买一杯不就行啦。"张婷有点生气，有点伤心，"你这孩子怎么这样对妈妈说话呢？""妈，你对奶奶不也这样说嘛，我又没说错！"看着飞飞理直气壮的样子，张婷一时无言以对，心里好像一直哽着一口气，连玩的心思都没有了，于是草草结束游玩，带着飞飞回了家。

　　刚开门，听到公婆卧室传来老公的声音，"您就拿着

吧，这也是我偷偷存下来的，您二老最近受气我也知道，可是我也拿张婷没办法，多买点补品把自己身体养好最重要……"

听到这里，张婷一下子怒了，把包一摔冲了过去，"好哇，居然背着我这样偷鸡摸狗！"丈夫有点心虚，还是强辩道："这怎么是偷鸡摸狗，孝敬爸妈是应该的……"

张婷愤怒地打掉了丈夫手上的钱，"你偷偷藏私房钱，不给飞飞交学费，反倒拿来贴补你爸妈！这日子没法过了！离婚！"

"不过就不过！"丈夫突然大吼一声，张婷愣住了。

"你这女人，最近给了爸妈多少气受，我真是忍不下去了，你可以不满甩脸子，我却不能看着他们被作贱！我不想我爸妈被气死！有你这个不孝顺的妻子，这日子也的确没法过，离就离！"说完便铁青着脸，摔门而去。

看着散落一地的几百块钱，婆婆在一边掩面哭泣，公公垂头坐在了床边，飞飞在门边怯怯地看着自己，张婷又气又急，感到委屈无处可说，深深地陷入了迷茫……

议一议

传统的社会性别制度为男女两性设置了分工，一般是"男外女内，男公女私"。对于家庭而言，权力就相应划分为两个场域，一个是男性家长（通常是"公公"）统治公域和外部事物，年长女性（通常是"婆婆"）作为父权制的代理人，统治家庭中的所有女性以及晚辈男性。男性长辈较少直接介入到属"内"的家庭冲突中，一般是通过对"婆婆"这一角色的"委托"和"赋权"实现家庭的管理。而"丈夫"则是遵从于权威，并默认妻子接受管理。在以婆婆为首的受男性支配的家庭"女性"阵营中，媳妇基本上是没有发言权的。

而在现代社会，随着家庭结构的核心化和小型化、代际关系的变迁、女性地位的上升以及下一代夫妻关系的"私密化"，家庭中的阶层关系逐渐平等，女性在家庭事务中的发言权逐渐上升。同时在社会转型过程中，"媳妇"同"公婆"的关系也在发生冲突，这种冲突是多元价值观碰撞的结果。

张婷的这次婚姻危机，许多矛盾是渐渐积累起来的。对于张婷来讲，急躁性格给自己带来了很多麻烦。遇事不

冷静，嘴上不让人，动辄发火，事后又不肯承认错误，慢慢地把双方关系搞得越来越僵。此外还有认识上的偏差。对张婷来说，公婆无经济来源，住在一起给自己的小家增添了很多经济压力，因此存在不满。但她忽视了家务劳动的经济价值。从生活成本来看，公婆能够分担家务、照顾孩子，对于每日需要奔波忙碌、无暇照顾孩子的工薪家庭来讲，会减少许多后顾之忧。如果把他们的工作量换算成保姆和钟点工，那工资肯定是远远超过公婆所花销的生活费，况且家人的用心照顾是钱无法买来的。如果张婷能转变观念、换位思考，也许会更加感谢老人的付出，体谅老人的辛苦，调节好自己的心情和思考方式。

张婷的丈夫受到男人不插手家庭内部关系传统观念的影响，对如何处理妻子与自己父母的关系缺乏理解和技巧。对他来说，孝敬父母是他的责任。但是在父母与妻子之间产生矛盾时一味忍让，背着妻子给父母钱却是一种错误的方法，既没有化解矛盾，反而会使妻子变成守财的"恶人"。在冲突爆发的时候，一味指责妻子不够"孝顺"，更加剧了她的委屈和误会。对妻子来讲，这不仅仅是对自己的不尊重，更代表着夫妻间的不信任，是对夫妻关系的一种伤害。实际上，现代家庭关系中，敬老应当是夫妻双方共同的责任。作为妻子和父母之间的桥梁，丈夫理应发挥沟通协调的作用。

夫妻对双方父母的态度，也极大地影响着夫妻二人的关系、家庭氛围的和谐，父母的言传身教还影响着子女价值观的形成。案例中张婷被飞飞的话刺伤了，殊不知孩子对长辈的态度也正是来源于她对长辈的态度。

现代家庭的和谐关系，逐渐体现为契约化的平等关系。没有血缘关系，媳妇与公婆之间很难产生母女那样深厚的情感，但是婚姻一旦形成，就产生了赡养双方父母的义务。妻子作为丈夫最亲密的人，爱他便也要尊敬他的父母，要心存感激之情，感谢他们对丈夫的养育之恩、对家庭的付出和照顾。只有认识到这种义务关系，并在生活中自觉地践行，更加主动地处理好与公婆之间的关系，才能产生积极的效果。丈夫也应当主动做好妻子与父母之间的沟通桥梁，用智慧化解冲突，让敬老成为和谐家庭的融合剂。家庭的和谐需要每个成员的包容和努力。

婆婆把我当自己的女儿

"婆婆跟我睡一张床？"小艾叫了出来。

"是啊，我出差，这两天晚上你就跟我妈一起睡吧。我看天气预报说这两天会有大雨，我妈害怕打雷闪电。"刘强淡定地说，他一边收拾行李一边给新婚的妻子交待注意事项。

"她可是你妈耶！我还从来没听说晚上跟婆婆一起睡这种事！"小艾脸上露出不情愿的表情。

"说什么呢，我妈就是你妈！我妈可从来都没有把你当成外人。你看我妈天天变着花样给你做好吃的，她从小到大照顾我，现在还要照顾我们夫妻俩。不就是陪我妈睡一晚上吗？这点小事，你就将就一下吧。"既然丈夫都如此说了，小艾也无言以对。

小艾是乒乓球运动员，平时经常在外地参加各种比赛，比赛结束之后也要参加集训。因此，即使小艾和刘强已经结婚一年，她在这个家待的时间不超过一个月。婆媳之间接触很少，自然矛盾也少。

刘强的爸爸去世得早，婆婆一个人拉扯儿子长大。一个丧偶的女人，坚强、勇敢地面对生活给予的挑战，从不言苦。婆婆非常能干，一个人操持着家里家外。好在刘强比较争气，大学毕业后找了一份在大公司做销售的工作，工资收入可观，但就是经常出差。刘强跟小艾是在飞机上认识的，两人在旅途中交谈甚欢，互有好感，后来两人顺理成章地步入婚姻殿堂。结婚前一夜，按照习俗两人未住在一起，刘强发了一条很长的短信给小艾："小艾，我从小都是妈妈在照顾，她为我付出了很多。我希望今后我们的小家庭中，有你有我，也有我的妈妈，我不能抛下妈妈。妈妈性格很好，她也很喜欢你，我相信以后你们能好好相处的。"

收到这样的短信，小艾心中自然是起了疑虑。明天就是结婚典礼，喜悦、兴奋和紧张占据了小艾的大脑，她也就没有把这个放在心上。婚后，夫妻两人聚少离多，一个经常在外比赛，一个经常出差，两人的爱意通过网络传达。赛季结束，小艾申请了一个月的假期，期待着能跟自己的爱人共度甜蜜时光。谁曾想，公司要求刘强出差两周，家里只剩下小艾跟婆婆，而在此前小艾跟婆婆还没有单独相处过。

小艾心里非常紧张，她不知道该怎么做，才能讨得婆婆的欢心。婆婆一直很喜欢她？那都是建立在距离远的基础之上，如今生活在同一个屋檐下，婆婆还会像以前那样对她吗？小艾心存疑虑。

第二天一大早，小艾和婆婆送走了刘强。看到刘强远去的背影，小艾倒吸了一口气，接下来是她面对挑战的时候了。刘强刚走，婆婆就把小艾叫到客厅，跟她拉家常。

"小艾呀，你是湖南人，能吃辣，口味重。我们家的人口味偏淡，你以后做饭注意点，辣椒要少放，油也要少放。刘强一直都是这样的习惯，稍微油放多了，他身体就会不舒服。你已经是刘强的妻子了，要学会体贴老公，事事都要以老公身体健康为重，明白吗？"

小艾一听，明白在婆婆心里，儿子永远是第一位的。"好的，妈，都听您的。"

随后，小艾一头扎进卧室，她要好好地补个美容觉。一会儿，婆婆来敲门了，她让小艾把家里打扫干净，晾晒衣服。小艾硬着头皮，跟着婆婆打扫卫生，虽然心中很不情愿，却不敢表露一分，因为这毕竟是她丈夫的妈妈呀，这天生存在的血缘关系纽带，是不可能被任何其他关系打破的。作为媳妇，她只能去适应婆婆的生活节奏。中午，小艾做了简单的两菜一汤。

婆婆看了直皱眉。"这番茄蛋汤，青椒土豆丝，手撕包菜都是最没有营养的菜，刘强可不能天天吃这些啊！他一个男人，天天要吃些好的补补身体。"

小艾鼻子一酸，自己从小到大很少做饭，这些都是她根据网上搜到的快手菜的菜谱学着做的。小艾心里觉得委屈极了。从小到大，她在家里永远都是最受宠爱的那一个，父母舍不得让她去做家务。她在家就是躺在沙发上看

电视，父母忙前忙后的为她削水果、做饭、洗衣服，生怕她累着了。如今她结婚成家，从被照顾者变成照顾者，这前后的差别可大了。

晚上，小艾和婆婆睡在同一个床上。小艾听婆婆讲着刘强小时候发生的各种事情。讲到激动处，婆婆甚至流了泪。

婆婆说："小艾，我不是故意针对你，这是作为一个母亲的心，相信你以后也会体会到的。我希望我儿子过得幸福快乐，如果他稍微受到一点点的委屈，我心里都会很难受。我相信你是爱刘强的，你也不愿意他受苦、受累。如果可以，有时间你就多承担一些家务吧。刘强的性格我知道，他选择了你，就认定了你。我们之间一定要和谐相处，千万不要让夹在中间的刘强受罪。"

听完婆婆的话，小艾深有感触。她心想，婆婆只是在保护她的儿子，并没有针对我。再说了，如果真的能够改正自己的缺点，让整个家庭更加和谐，这不是很好的事情吗？

第二天一大早，小艾就起床为婆婆做早饭，还主动打扫家里卫生，给花浇水。中午做菜的时候也尽量少油、少盐，下午还带婆婆去附近公园逛了逛，给婆婆拍了很多照片，还把照片发给了刘强。第三天，婆婆带着小艾回了老家，婆媳俩一起去地里摘葡萄，玩得十分开心。

人前人后，小艾绝不说婆婆一句坏话，即使婆婆多次批评她。婆婆指出的问题，她也记在心里，下次绝不再犯。有时候，她十分不认同婆婆的某些观点，但从不在言语上冲撞婆婆。婆婆看在眼里，心里更喜欢这个媳妇。人与人之间的相处是相互的。两周下来，小艾和婆婆已经成为母女般的亲密关系。随着对婆婆了解的深入，小艾更体会到婆婆的不容易。婆婆的前半辈子都在为儿子生活，小艾希望她下半辈子能为自己而活。她观察到婆婆非常爱唱歌，就给婆婆报了一个合唱培训班，婆婆知道后高兴不已。刘强出差回来，看到婆媳相处融洽，心里安心了不少。晚上，刘强抱着小艾，深情地说："你真是我的好老婆，我好幸运能娶了你！"

议一议

在家庭关系中，婆媳关系一直是一个永久的话题。封建社会里，社会主流价值文化强有力地保障婆婆的权益，造就了现实中婆婆的强势与媳妇的弱势。而现代社会，随着年轻女性地位的逐步提升，婆媳关系的强势一方更多为媳妇。婆媳大战常见诸报端、坊间和网络，引起广泛关注。故事中的小艾一开始跟婆婆很少单独接触，突然听到要跟婆婆单独相处的消息必然是紧张不已。婆婆挑剔儿媳做的饭菜，看不惯儿媳睡懒觉的行为等都是婆媳间常见的冲突表现。婆婆为什么会对媳妇敌意很深呢？

首先是文化上的差异。婆婆接受的一套做人处事的法则跟儿媳接受的社会化教育完全不同，因而两个不在同一个价值世界的人无法对话。小艾虽然不认同婆婆的某些看法，但从来不顶嘴，这一点做得很好。做人处事最忌讳在嘴巴上不饶人，其实口头上应承婆婆的话，对自己并没有任何损失；相反，两个人吵得天翻地覆，或者媳妇得理不饶人，只会让婆媳关系变得更糟。

其次是情感上的争夺。作为母亲，婆婆希望儿子在情感上更依赖自己，而儿子跟媳妇之间的亲密行为常常引发婆媳间的矛盾。这是因为作为母亲的婆婆希望继续维持自己的"子宫家庭"，而作为媳妇则更希望丈夫跟自己同一战线。其实处在中间的丈夫非常为难，他无法选择自己的母亲，而且母亲对他无条件的爱常常使他陷入一种盲目的感动中，任何与他母亲做对的人都可能被视为敌人。而媳妇是自己选择的，虽然跟自己更有共同话题，但媳妇对自己的要求更多，而且需要去用心维系这段关系。作为丈夫，他无法舍弃自己的母亲，却可以选择自己的妻子。因此，婆媳间剧烈的冲突只会损害夫妻关系。

第三，经济利益的纠纷也是造成现代家庭婆媳矛盾的主要原因。在资源有限的情况下，如何优化资源的配置，何为第一位、何为第二位需要始终是婆媳间争论的焦点。

其实，要想维持良好的婆媳关系并不难。作为妻子的你，第一，要调适自己的角色，明白自己与婆婆的关系应该是合作关系，而不是敌对关系。第二，互相尊重，有边界意识。婆婆一辈人的成长环境可能跟你差异很大，要学会尊重对方的生活方式，如果不牵涉到原则问题，可以适当退让。第三，讲究真心。故事中的小艾对婆婆顺从，多相处增进了解、凡事不往坏处想，不在老公面前告状等都是聪明的做法，这样既维护了婆媳关系，又增进了夫妻之間的和谐。而一个不称职的妻子，只会夸大自己的委屈，在老公面前说婆婆坏话，以为老公会怜惜自己，其实搞坏夫妻关系的正是你。

（黄珍伲　祝平燕　徐依婷）

TA YU JIA

CHAPTER 09 第九章

妻子与婚姻暴力

你爱上了他，嫁给了他；你笃定他是一个靠谱的男人，值得托付终身；你以为从此以后就像王子与公主的童话故事，有个美好的结局，突然他的拳打脚踢像狂风暴雨，打蒙了你。那些美好的记忆犹在，身体的伤恢复得了，心里的伤却止不住滴血。面对他的拳头，你不由得开始困惑，这段婚姻，还能不能走下去……

路见不平的他，最终向我挥出了拳头

　　九月的黄昏，暑气未退，李璐处理完家事，疲惫地挤上了回程的公交车。烟味、汗味夹杂着热气，让人昏沉。晃晃荡荡中，李璐隐隐觉得有人轻轻拽了一下她的背包，赶紧将包拿下来看，拉链开了，钱包没了。她的脑袋"轰"的一声，赶紧大喊："有小偷！我的钱包没了！"

　　车上的嘈杂声一下子消失了，大家赶紧低头查看自己的东西，然后你看看我，我看看你，就是没人出声。众人的目光里带着事不关己的冷漠，李璐万般着急，四处环顾，束手无策。

　　"是他偷的，我看见了！"这时，附近一名胖男孩嗓门

洪亮，用手指着不断往角落里躲闪的男人说。

被指的男人凶狠地回道："别瞎吵吵，我离得这么远，车上这么多人，能是我偷的？"

胖男孩接着说："我都看见了，你刚才就站在姑娘身后，伸手拽人家包的拉锁，把钱包偷出来塞兜里了。"

说着，他一个箭步冲上前去，在周围人的帮助下从男人身上搜出了一个钱包。

"我的钱包！"李璐激动极了，这一瞬间，男孩的身形似乎无比高大，她莫名地产生了一种强烈的安全感。

男人见势不对，拼命挣脱，想从窗户窜出去。这时，胖男孩一个巴掌扇过去，反手一扭便制住了男人，"司机停车！这人渣必须送到公安局！"

前面就是派出所，李璐跟着男孩就这样下了车。抓住了小偷，找回了钱包，她也丢失了一颗芳心。

男孩叫张伟，是一名房产销售，聊天中很爽朗，也特别有北方男子的大男人气概。经过这一次路见不平的相助，两人相识，张伟对李璐无微不至，常常主动接送、送饭送花，一来二去，二人便走在了一起。

半年后的某天，他们一起吃饭，饭刚蒸好特别烫，李璐一盛起来就喊："张伟，赶紧接呀！"喊了半天回头一看没动静，李璐很生气，"都烫死了，你怎么不快点接碗？"

张伟满脸怒气，"我在夹菜啊！"

"我都烫死了，喊了半天你不能先接下饭？"李璐气张伟不关心自己，开始跟他理论。她刚说到一半，张伟突然站起来，把碗筷往地上一摔，"叨叨什么，还让不让人吃饭！"

丈夫突然爆发的火暴脾气把李璐吓了一跳，看着他凶神恶煞的样子，一阵委屈袭上心头，眼泪流了下来。

"哭哭哭，你还有脸哭！再闹小心我抽你！"张伟目露凶光，一脚踢翻了桌子，冲上来扬手就打。李璐生生受了一个大耳刮子，直接被打得撞到了门上，倒在地上。她的耳朵里嗡嗡作响，头剧烈的疼，整个人都懵了，趴在地上哭了起来。

张伟回过神，赶紧上前抱住李璐，一遍遍的道歉："对不起，是我不好，我太冲动了……你原谅我吧……要不，你打我！我绝不还手！"

李璐哭得上气不接下气，对这个男人失望至极。张伟直接蹲在李璐面前，"那我自己打好不好，我帮你打！"然后，他开始自己打自己，两个手换着在自己脸上抽。

看到这一幕，李璐呆住了，也忘了哭，只听到抽巴掌的声音，知道张伟对自己下手也很重。她很委屈却也心疼，"你怎么可以打我？你知道我心里有多难受吗？"

"对不起，我真的不该打你，最近心情不好，是我太急了，都是我的错……"李璐在张伟的道歉和安慰下，渐渐止住了抽泣。

她开始考虑分手，但是张伟很踏实，人善良，对她也很好，终究两人还是走了下去。

李璐渐渐发现，张伟的怒点特别低，从买东西排队到逛商场人多、到路上堵车，他都能在一瞬间点燃怒火。生活中，两人因为一些小事产生口角，情绪激动时，他便会对她大打出手，回过神来总会痛哭流涕，寻求她的心软原谅。有一次被邻居看到报了警，在派出所的调解下，张伟写下了保证书，承诺再也不会动手，由此平静了一段日子。

孕期五个多月的晚上，因为一些鸡毛蒜皮的小事两人再次开吵。李璐害怕，夺门而出。深夜她在大街上形单影只地游走，怅然无比。张伟追上来，拉她回家。她不回，心里堵着一口气，希望张伟能道个歉，服个软。两人不断拉扯着，张伟又突然暴怒起来，抓起李璐的头发，朝墙上"咣咣咣"撞了几下……

李璐终于明白，这不会是最后一次。她知道，再不离开他，这样持续的恐惧感会逐渐扼杀自己，以后的日子会更加难过，更别提对孩子的伤害……为母则强，这一次，她下定决心，一定要和这个男人离婚。

议一议

案例中的李璐遇到的困境就是"家暴"，即家庭暴力，是每个妻子都深恶痛绝甚至害怕的事情。

根据《中华人民共和国反家庭暴力法》，家庭暴力是指家庭成员之间以殴打、捆绑、残害、限制人身自由以及经常性谩骂、恐吓等方式实施的身体、精神等侵害行为。最大的特点是控制性、长期性、反复性。就好像李璐的丈

夫一样，在家暴发生以后，即便因为种种原因会短暂消停，因为一些因素刺激，仍然会反复发作。在这些暴力行为中，发生在夫妻之间的家庭暴力又叫做婚姻暴力。受篇幅所限，为了让妻子们更加了解如何在婚姻中面对和处理暴力问题，本章着重探讨婚姻暴力。

李璐所遭受的婚姻暴力仅仅是社会问题的一个缩影。根据全国妇联的统计，我国近 30% 的家庭存在婚姻暴力，绝大多数的受害者为女性。

在案例中，李璐所遭遇的婚姻暴力，表现为语言上的谩骂和身体上的殴打、虐待。除此之外，冷暴力（冷淡、轻视、放任、疏远、漠不关心）、经济暴力（强行控制妻子的金钱和财产，胡乱支配用于自我享受）和性暴力（不顾拒绝，用暴力手段威胁发生性关系，或残害伴侣性器官等性侵犯行为）等也都属于婚姻暴力的表现形式。

施暴者往往有这么几种类型：第一种是反社会型。这类人从儿童时期就有暴力行为记录，不仅是婚姻暴力的实施者，而且是社会暴力的制造者。他们不仅经常殴打妻子或孩子，还威胁配偶不得离婚。第二种是冲动型，即常因为一些琐碎小事大发雷霆，进而出现暴力行为。而他们的配偶一旦提出离婚即痛哭流涕或者以死相要挟。李璐的丈夫张伟便属于此类。张伟的个性在他们恋爱期间便有所体现，只是当时李璐并没有重视。第三种是控制型。控制型人格对伴侣的束缚非常激烈，一旦事情的发展与走向超过了自己的预期，就会表现出强势和控制，想尽一切办法把事情拉回自己认为对的轨道上来。

婚姻暴力作为一种隐蔽的违法现象，其存在和不断滋长到底是基于一个什么样的温床？对于婚姻暴力的原因，有从病理角度出发认为施暴者（或者包括受害者）有精神或性格缺陷，有从生物学角度认为有遗传和激素的影响，有从心理角度认为施暴者缺乏自我控制和缺少自尊等。这些原因我们从少数案例分析中是可以发现的，但并不是共性原因。刘梦在《中国婚姻暴力》一书中曾指出：在中国，婚姻暴力之所以能够存在和维持下来，是因为在特定的文化背景下，出现了一个保护机制，使得婚姻暴力处在一个稳定的状态之中。从宏观角度来看，中国社会的婚姻暴力现象，受到社会文化、政治经济因素的影响是很大

今天如何做妻子

妻与家

的，社会性别的不平等是深层次的原因。

从社会文化层面来看，从中国古代起，为适应父权制家庭稳定，维护父权、夫权家庭或家族的利益需要，产生了"男尊女卑""三从四德"的思想。"未嫁从父，既嫁从夫，夫死从子"鲜明地体现出当时的性别意识，即女性是没有任何地位与权利的。随着社会的日益发展，到今天男女平等的理念虽然逐渐广泛，但传统的社会性别期待依然深刻地影响着当代的家庭。普遍的性别刻板印象为，男性应具有坚强、自信、能干、理智等品质，而女性则具有敏感、柔弱、重感情、被动、顺从等品质。在这样的性别观念下，男性认为自己具有女性的"所有权"，他可以基于这种"所有权"对其进行任意的处置，包括实施对女性的身体、健康，甚至生命进行践踏的暴力行为。而女性则在传统文化中"贤妻良母"的角色认知下，常选择保持容忍态度，不从丈夫身上寻找原因，而是首先从自身寻找原因，为受暴行为合理化找借口。

从政治经济层面来看，在社会竞争中，由于男女生理上的差异，同等条件下男性可以创造出更多的财富，相对

182

取得政治和经济上的优势地位。这种优势地位导致了资源占有和分配上的不平等。处于主导地位的男性通过不平等的社会分工（如"男主外，女主内"等）掌握了更多的社会资源，在拥有更多资源的同时也拥有了更大的强制力和话语权。男性便处于支配和主导地位，女性则处于受支配和附属地位，这就为男性"统治"和"支配"女性提供了社会支撑和心理支撑。

分析了这么多，聪明的你也许明白了，婚姻暴力并不是女人的错，任何理由都不能成为实施暴力的原因。因为"家丑不可外扬""为了婚姻和孩子"，而选择息事宁人，一味地默许和容忍，并不能改变什么，只会纵容其变本加厉。女性对自己的保护，是要清醒地认识到，自己才是自己最好的救星。掌握自我保护知识，在婚姻生活中，一旦发现家暴征兆，要提前做好预防措施；发生后，选择主动求助并不可耻，该借助外界力量时，要学会主动求助，保护自己的合法权益。

故事 2

大声求助，别做“沉默的羔羊”

在同事和邻居的眼中，李惠是一个"高知女性"，白领、年薪 30 万、优雅、精致、聪慧，丈夫是知名大学教授，儿子小峰读小学。一家三口组成模范的幸福家庭，恩爱、美满，让人羡慕。

这美满的假象，李惠维持了整整八年，如今她撑不住了。

一开始，这婚姻也是幸福的。李惠的聪慧吸引了丈夫，他欣赏她、迷恋她。两个人都以最好的一面吸引了对方，迅速坠入了爱河。结婚以后，琴瑟和鸣的日子也过了几个月。

　　一切转变得那么突然。李惠下班回来，看到客厅一地杯子碎片，赶紧换了拖鞋开始收拾。"这是怎么了？"屋子里静悄悄无人应答。她收拾好了往书房走去，看到丈夫坐在电脑前写论文，一动不动。

　　"杯子摔了也不收拾，你什么情况啊？课题压力太大啦？"李惠走过去，双手抚在丈夫肩头。她探头一看，丈夫脸色很不好看，却好似没听到似的，一声不吭依然在打字。"到底怎么了？你和我说说？嗯？""别烦我！"李惠突然被大力甩开，也生气了，"你有病啊！有气干嘛朝老婆撒啊！"突然，一巴掌劈头扇过来，"滚！"李惠撞到门框上，整个人懵了。毫无来由的一巴掌，成了她噩梦的开始。就像阳光明媚的天气突然之间阴云密布，再没有放晴过。

　　李惠突然发现，从这一天起，她才认识了老公的另一面：阴晴不定、暴躁易怒。从前的斯文，只不过是他在人前的假面而已；关起门来之后，他的真面目才慢慢暴露出来。

　　当他冷静下来，总会道歉。一段时间中，他会伏低做

小、轻怜蜜意，取得她的谅解。他的丝丝爱意安抚了她，她安慰自己，也为他的发作找理由，也许是他压力大，又或者他有烦心事、工作上遇到了困难。

有时挨打重了，身上开始出现乌青瘀痕，她就把自己包裹得严严实实，去药店买来创可贴、跌打药，偷偷涂抹消肿。第二天她穿着高领长袖长裤，围上丝巾，或者涂上厚厚的遮瑕膏，若无其事地去上班。偶尔还有遮掩不住的细碎伤口，她便对同事解释，是自己干活时不小心撞到了柜子、金属装饰；也有借口解释不过去的情况，她便假装繁忙，避开同事的关心。

这是自己的家事，李惠这样觉得。她的自尊不允许自己在这高级写字楼里被人笑话。这点不如意，不能影响到自己在公司里干练聪慧、家庭幸福的形象。二人相携出门、看望亲朋，也总是一个温婉美丽，一个斯文潇洒，和谐般配。

但是，随着老公动手频率和程度的增加，她越来越感到害怕。为了孩子的教育、做饭咸淡、出门时间、加班回家晚了、干家务、心情不好……或者不知道什么原因，说着说着，她便被抓起头发往墙上、地上撞，蜷缩起来被拳打脚踢。挨打重了，她便请假，在床上躺几天，谎称自己病了，也对儿子撒一样的谎。

李惠怕了，累了，她想也许哪一天，当自己忍受不了的时候，这段婚姻就走到尽头了。有时在狂风暴雨的拳头下，她愤怒地想要报警，但冷静下来，考虑到这丑闻的影响，考虑到孩子的未来，她还是选择保持沉默。在亲朋好友、同事邻居面前，她仍然是一个聪敏幸福的女子，小峰还是一个人人羡慕拥有完美父母的小孩。

被打后爬起来，她开始拿本子，默默地把每次老公打她的时间、地点、经历、受伤情况，一一记录下来。本子上有很多糊花的字迹，那是她的泪水。

这天学校老师打来电话，李惠心急如焚来到学校，看到了一旁默不作声的儿子和一个胳膊上满是伤痕的男孩，是儿子的同桌。男孩的伤口有旧有新，他的父母愤怒地冲上来，被老师们拉开。原来，儿子的暴力已经持续了一个多月。他还威胁同桌，如果敢告诉别人，就会"杀死"他。他每天安然无恙地上学，丝毫没有被大人怀疑。

老师说："你儿子可能有暴力倾向。"

李惠感到晴天霹雳，难道是丈夫的劣根也遗传到了儿子身上？

她道了歉，商议了赔偿，恳求对方不要宣扬，身心俱疲地带着儿子走出校门。看着儿子若无其事的样子，她终于忍不住了。"男子汉是不能打女孩的！打人是不对的！你还不知错！""我只是心情不好！"7岁的小峰突然仇恨地看着李惠，"妈妈，爸爸天天打你，我受不了。同桌天天向我炫耀他的爸妈，我也受不了。"

听到小峰的回答，李惠不寒而栗。她看着自己的儿子，突然意识到在这场暴力中，受伤的不只有自己，更可怕的是对儿子的影响。

她终于决定离婚，带着孩子过，摆脱丈夫对自己造成的阴影，也摆脱他对儿子种下的负面影响。她带着四五个厚厚的本子，找到了律师。

在艰难的拉锯战中，她和丈夫双方的父母、亲朋好友都感到震惊和不理解。父母也曾劝她，忍一忍，夫妻之间没有什么过不去的坎，重要的是相互包容，更要考虑孩子的成长，单亲家庭的孩子不会幸福。

官司打得很艰难，因为每一次遭遇家暴，她并没有报警，也没有去医院，缺乏强有力的证据，不能证明夫妻感情已破裂。重重的压力下，婚没有离成，丈夫却变本加厉，更加地不遮掩，还对外宣称就是李惠没事找事、自己作的。在这样的炼狱里，李惠在绝望下反而更加坚定。她选择了保留证据，搬出去住，可儿子却因丈夫的阻挠没有一同搬出来。

两年后，李惠再次起诉离婚，并要求儿子由自己抚养。丈夫承认了自己曾对李惠实施过殴打行为，但认为夫妻感情并未破裂，不同意离婚，不同意儿子由李惠抚养。这一次，法院终于判决离婚，但儿子却判给了丈夫，原因是儿子与丈夫同住，且和丈夫同一户籍，并且学校也在丈夫的户籍地。

李惠不服，再次上诉请求改判儿子由自己抚养。考虑到丈夫的暴力行为对未成年子女的身心健康会产生不良影响，二审法院在确认李惠具备抚养条件的情况下，改判小峰给李惠抚养。

李惠终于带着小峰成功地离开了。走出法院门口，她重新感受到了太阳的温暖。

议一议

正如前文所分析的，受传统观念影响，许多女性受到婚姻暴力伤害后，由于"家丑不可外扬""为了婚姻和孩子""害怕更厉害的暴力""求助了也没用，改变不了任何情况"等原因，选择息事宁人。殊不知，一味地默许和容忍，只会纵容婚姻暴力变本加厉。

婚姻暴力的存在，是对受害人难以磨灭的身心伤害，但同时也对孩子产生了很多负面影响。他们的处境艰难，却鲜为人们所重视。在社会系统中，家庭是儿童社会化的第一场所，也是一个无可比拟的第一社会环境。家庭系统里的种种因素对儿童品德的形成、人格培养及未来发展等各方面都具有不可替代的作用。儿童置身于一个既有亲情却又暴力、纷争不断的家庭中，必然会受到不良影响，产生各种心理发展问题，会变得恐惧、焦虑、孤独、自卑、具有攻击性，出现人际关系障碍、学习障碍和行为偏差。

如果其心理问题得不到及时诊治，很可能会成为青少年犯罪和新的婚姻暴力的实施者。[1] 所以，忍受婚姻暴力，不是对孩子最深的爱，而是对孩子最大的害。

首先，面对婚姻中的暴力行为必须零容忍。防范婚姻暴力应从第一拳开始。婚姻暴力和一般的家庭冲突不同，具有循环反复性。有时，丈夫一开始的暴力行为也许并不严重，所以没有引起妻子足够的重视。很多妻子往往是在婚姻暴力一而再，再而三地发生，越演越烈，直到产生了严重后果，才意识到自己是遭遇了婚姻暴力。一定要让自己对婚姻暴力知识有所了解。当婚姻暴力初现时，敏锐地意识到其危险性。

其次，勇敢寻求社会支持。2016年，《中华人民共和国反家庭暴力法》正式实施，家庭暴力不再属于"家务事"。随着社会的进步、法律的普及，社会对受害者的支持力量逐渐变强，社会支持包括正式与非正式性支持。非正式社会支持来自个人的社会网络，包括家庭成员、朋

---

① 蔡圆圆：《婚姻暴力对儿童心理发展影响之研究》，安徽大学，2006年。

友、邻居、亲戚等。正式社会支持来自专业社会机构或人员，如公检法系统、医疗及社会服务机构。初次遇到伴侣的暴力行为，应该及时指出丈夫的错误，表达自己所受到的伤害，让男方能够认识到错误，主动遏制自己的不良情绪；加强沟通，尝试解决夫妻间的问题，避免长期积压的冲突。在短期内要加强对自己的保护意识，预防暴力再次发生时能够自我保护。如果暴力再次发生，要敢于向亲人朋友求助，取得他们的认同和帮助。

在此基础上，积极寻求正式社会支持。一是向妇联求助：妇联是女性的"娘家"，妻子可以找所在地的妇女联合会来调解家庭问题，对丈夫进行思想教育，在一定程度上也给两人沟通习惯的养成留有更多的时间。也可以请妇联给予精神上的支持，咨询维权知识（妇女维权公益热线12338）。二是向公安机关求助：及时报警，请公安机关制止施暴、调解纠纷，对施暴者进行劝阻、批评教育和震慑。村委会、居委会、派出所等有关部门应采取救助措施，进行查访和监督。三是向法院申请"人身安全保护令"：申请内容包括禁止被申请人对自己及家人实施家暴、骚扰、跟踪、接触等措施。如果经过努力，对方仍不思悔改，离婚不失为一种明智的选择。学会运用法律武器帮助自己走出暴力家庭，开始自己的新生活。

第三，有意识地保留证据。婚姻暴力损伤具有隐蔽性。有些受害者因缺乏多次累积的伤情原始记录和法医鉴定依据，致使民事调解和诉讼困难，合法权益也得不到及时保护。可作为证据的材料包括外伤的照片、目击者的证人证言、派出所的出警记录、公安机关出具的验伤通知书和告诫书、医院的诊断证明、向居委会和妇联等反映的工作记录和出具的证明、纠纷过程中的通话录音和视频录像资料、施暴方曾写过的承诺书和忏悔书等。一定要有保留证据的意识，一旦需要维权，这些都可以当作婚姻暴力的证据。

第四，尽快地离开才是对孩子最大的保护。婚姻暴力直接影响到抚养权的归属。2018 年，最高人民法院发布了《第八次全国法院民事商事审判工作会议（民事部分）纪要》，明确了在审理婚姻家庭案件中，应注重对未成年人权益的保护，特别是涉及婚姻暴力的离婚案件，从未成

年子女利益最大化的原则出发，对于实施婚姻暴力的父母一方，一般不宜判决其直接抚养未成年子女。在法治逐渐健全的今天，法律武器才是对孩子最大的保护伞。

（祝平燕　黄珍伲）

TA YU JIA

今天如何做妻子

娘与家

随着当代生活节奏越来越快，女性自身面临的压力也越来越大，慢慢地会出现一些身体问题。妇女的健康不仅是指妇女没有身体疾病，而且还指其整个身心和社会适应性处于完好的状态。快乐使人健康，快乐使人长寿。身心健康会使人快乐，妻子在家庭中身心得到缓解、更好的疏通，对于家庭也是一个好的基础；同时心理健康是一剂良药，会让人远离疾病，使家庭和谐。对于女性来说，养生保健是一个很神奇的东西，长期养生的女性身体健康。既会保养自己的外貌，也会管理自己的身材，使自己内外兼修，才会成为一个幸福的女人。

故事 **1**

妻子面临的主要健康问题

　　温婉是一位事业成功的女性，经营着一家公司，与丈夫李东结婚15年，膝下育有一儿一女，两人一起渡过了很多的困难时期。正当公司步入稳定期时，温婉发现自己的身体大不如从前。在创业初期，她经常因公司的事情而忘记吃饭，甚至熬夜，有时就吃点泡面对付一下，自己的时间都花在了工作和家庭上，没有时间去锻炼身体。最近温婉的身体出现了问题，时不时地发烧、感冒，小腹还疼痛，月经也不太正常，精神状况不如从前。以前每一次公司体检，温婉都没有去参加，李东多次提醒她去做一个全面的身体检查，她都因为工作太忙而推脱了。在现在的环

境压力下，女性患病率越来越高，宫颈癌疫苗也在推广，李东再次觉得温婉真的要去做检查了；而且近期李东朋友的妻子查出乳腺癌晚期，经过一系列化疗、手术后，还是没有逃脱病魔，李东就更加紧张温婉。在没有征得温婉的同意下，他直接找了温婉的朋友黄小月帮她预约了一个全身体检。

李东正愁着怎么把温婉骗到医院去，看到孩子们在写作业，就走过去问道："小山，你觉得你妈妈容易被骗吗？"小山吓到了，"爸，你要干啥呢，还敢骗我妈妈，做什么错事了呀，我妈可精了"。"不是啦，想让你妈去做体检，每次约好了，你妈都推迟。这次跟你黄阿姨都约好了，你说她不去，可怎么办呢？"李东皱着眉头说。女儿小燕说："爸，这个好办，我跟哥哥来。星期二的时候，您送我们去学校报到一下，然后直接去医院，让黄阿姨打电话给妈，说我们生病了什么的，把妈妈骗过来，这样不就好了嘛。我们星期二的时候，老师有事情不上课，自由活动呢，刚好可以帮你。"看着女儿古灵精怪的样子，李东和小山答应了，"好，不告诉妈妈哦！你们快做作业，我去给你们做爱吃的可乐鸡翅。"两个小家伙异口同声地说："好呀好呀。"

星期二的早上，李东与孩子们如约定那样，借着送孩子们的名义，按计划将孩子们送到了医院，找到黄小月，跟黄小月说了一下情况。黄小月说："你们真聪明，想想等一下温婉的表情，我就想笑，哈哈哈哈。我这就给她打电话。"黄小月打通了温婉的电话，说道："小婉，刚刚在医院见到小山和小燕了，好像小燕发烧了。李东那边好像在开会，电话打不通，你过来一趟吧。"温婉挂了电话，心里嘀咕着今早还好好的，怎么就生病了呢？她立马就出了办公室的门，急急忙忙地赶到医院。看着李东和孩子在黄小月的办公室有说有笑的，温婉发现自己被骗了，开始骂李东："李东，你咋这样教孩子骗人呢？还有黄小月，你怎么也跟他们一起胡闹呢？"小山说："妈妈，你别生气，这是我们的主意。我们是让你来体检的，跟爸爸没关系的。"小燕马上拿着体检表跑过来："妈妈，你看，我们陪你去。"黄小月笑着说："小婉，孩子们跟李东的一点心意，你就去吧，来都来了。"在大家的劝说下，温婉同意去体检。过了一段时间后，体检结果出来了，身体各方面都比较健康，没有什么大问题，只是存在一些妇科问题。在黄小月的建议下，温婉开了一部分药进行调理。黄小月告诉她："平时你还是要按时吃饭，多注意保暖，不要熬夜了，千万不要因为工作不吃饭，要积极锻炼身体。现在咱们女性存在很多健康方面的隐患问题，不要忽视哦。身体不健康的话，什么事情都做不好的。"听到这些话以后，温婉想到自己最近身体发生的状况，开始积极锻炼身体，按时吃饭，同时每天都吃早餐，养成吃早餐的习惯；对于工作上的事情，安排得很规律，而且要求员工按时上下班，提高工作效率，在工作时间内将工作做完，不要熬夜加班。在公司里面还设了健身房，员工可以去锻炼身体，改变生活方式。

议一议

　　案例中的温婉扮演着女老板、妻子、妈妈的角色，在面对事业和工作压力的时候，常常不注意自己的身体健康，认为自己年轻时就应该拼搏。由于为自己的事业操心劳累，她渐渐地养成了一些不利于身体健康的习惯，慢慢地觉得自己的身体透支了，身上有疾病隐患。

女性在生活中会面临着一些健康问题，主要包括以下几方面：

（1）女性性健康：指女性拥有对自己性生活的支配权，包括选择自己的性伴侣、自己的性生活；拥有生育的选择和决定权，并能够安全地怀孕和分娩；预防性传播疾病（包括艾滋病）；拒绝性暴力（包括强迫性性行为），以及对自己的性行为负责。

（2）女性生育健康：指生殖系统及其功能和生殖过程所涉一切事宜上身体、精神和社会等的健康状态；同时包括性能力和生育能力、安全计划生育和保健，男女两性可以选择安全地怀孕和生育的方式。

（3）女性心理健康：心理健康在女性健康中占有很重要的部分。心理健康与生理健康的标准是不同的，心理健康标准主要是通过定性的观察，并从优秀的心理品质中总结出来的品质特征；生理健康标准更多的是通过定量的标准加以确定，从生理指标的平均数中归纳出来的指标。

　　温婉在体检之后，发现自己身体上存在健康隐患，在医生黄小月的指点下，认识到自己有不好的健康习惯，因工作压力大、生活习惯不好等原因导致自身身体出现问题，于是开始改变自己的不良生活习惯，配合医生治疗，努力使自己的身体恢复健康。作为一个职业女性，温婉在生活中承受着多重角色的冲突。由于在职业环境中女性承受的压力比男性大，受到的角色冲突也比较多，女性的心理承受能力又比男性弱，所以导致职业女性长期处于高压的环境中，对自己的身心都产生不良的因素。在这样的情境下，女性更应保持心情的愉悦，更好地处理好来自生活和工作上的压力。

故事 **2**

健康的心理是一剂良药

　　温婉经过体检后得知自身存在的身体疾病，在黄小月的指导下，改变自己不规律的生活方式以及饮食习惯，加强自身的身体锻炼，慢慢地身体素质提高了。有一天，温婉去参加同学聚会，大家聊起最近的宫颈疫苗。有不少人对女性健康问题还有些认识不全面，作为医生的黄小月对大家说："妇女的健康问题不仅是指妇女没有身体疾病，而且还指其整个身心和社会适应性处于完好的状态。妇女健康也不仅只是指妇科健康，如生殖、生育以及生育相关的性健康，还包括环境、职业、心理、如何面对暴力等问题。此外我们还应该考虑到妇女如何获得医疗保健服务，

如何得到社会保障，如何享受医疗权利等。我们在生活中要用一种乐观的心态去看待问题，不要整天愁眉苦脸的，容易引起一些疾病。"听到这里，温婉突然想起自己公司里大部分都是女职工，公司从没有办过类似于这样的讲座，而且她们跟自己一样，既要扮演家庭主妇的角色，又是公司中的职员，压力跟自己应该是一样大的。每年的体检，大家多多少少是做了，但自己从来没有关心过她们的结果，等一下回去后要好好看看。

聚会结束后，温婉拿到了一份公司员工最新的体检结果，看到跟了自己多年的董大姐的体检报告上有一个问题是乳腺增生，温婉再看了其他员工的，发现大家多多少少都有一些妇科方面的问题。她对李东说："看了这个体检结果，我感觉是不是给大家的压力太大了，都没有给大家一个好的环境放松一下，虽然让大家按时上下班，不加班，也有了健身房，但总感觉大家的精神状态不太好。"李东拍拍她的肩膀说道："婉儿，可能大家都有自己的压力，包括家庭的压力呀、父母那边的压力、还有自己小孩这边的压力，都不容易，生活在这样的大环境中。你要深入了解一下大家的情况，适当做出一些调整。"温婉仔细地回忆了一下，这些天董大姐经常请假到学校去，应该与她儿子的事情有关，便对丈夫说道："董大姐查出乳腺增生，她确实不容易呀。你知道，她与老公离婚后，自己一个人带着孩子，而且现在他孩子又处于青春期，她刚好进入了更年期，可能很多方面与孩子之间沟通存在着代沟。孩子不理解她离婚，不懂她的苦衷。最近好像听说她孩子在学校里打架，经常逃学去上网，做出一些极端行为。老师多次把董大姐叫到学校谈话，可是他孩子还是不听话，没有做出多大的改变，一如既往地任性妄为，不顾董大姐的痛苦。而且她们组上个月业绩完成得不是很理想，她作为组长，可能压力更大，而且这个月要完成的任务又会比较重，所以她真的不容易呀！看来，我应该让黄小月过来给大家讲一些健康方面的讲座。"李东回答道："是的，你早就应该请黄小月过来了，不要忘记给大家讲讲如何注意心理方面的健康。"温婉立即联系了黄小月，黄小月答应她星期三时去公司做讲座。

到星期三的时候，黄小月如约到温婉公司给大家讲关

于女性健康方面的知识，介绍了常见的妇科疾病以及如何预防妇科疾病的一些知识，给大家上了一堂生动的妇科知识的课，包括给大家提到在生活中预防妇科疾病，饮食上应该注意的方面。例如：多吃全麦食物可以有效预防乳腺疾病，经常食用海带有助于预防和治疗乳腺增生，红皮果蔬可以有效预防和抑制妇科肿瘤的生长，高钙食物可以有效预防女性卵巢患病，多吃豆制品可以有效调节内分泌，从而使雌激素恢复正常等知识。在接下来的互动过程中，发现大部分员工因为自身的压力比较大，烦心事比较多，时常闷闷不乐，影响了自己的工作开展。黄小月觉得给大家普及的不应只是生理健康知识，更应该让大家注重心理健康，这样才有益于工作和家庭生活。根据了解到的情况，她给大家讲道："要积极塑造良好健康的心理，快乐使人长寿，快乐使人健康。生活中，我们难免会遇到一些烦心的事情，工作上的压力、孩子的教育问题这些都会让我们常常喘不过气来，变得闷闷不乐，对生活、工作等进行抱怨，产生消极、悲观的情绪。这些情绪会左右我们的心情，同时也会影响我们的健康。中医上说怒伤肝，悲伤肺，喜伤心，恐伤肾，心平气和不伤心。好情绪不是一朝一夕就有的，平时可以多听听舒缓的音乐来调整我们自己的情绪，同时要乐观地对待生活中的各种琐事，不要抱怨，过多抱怨反而适得其反。健康的心理是一剂良药，我们要努力塑造健康的心理。"大家听了以后纷纷表示赞同她的观点。讲座结束后，温婉也意识到应该给公司的员工放假，组织大家周末去团建，放松一下心情，舒缓一下压力。

议一议

案例中温婉发现自己的女员工在压力大的环境下，体检结果中存在大大小小的问题。大部分女职工工作压力大、家庭责任重、为孩子的养育问题十分操劳。而且女性性别气质与男性性别气质不一样，女性性别气质的主要成分是与家庭关系相关的一切，具有与男性气质相对立的特征，如温柔、爱整洁等。同时社会对女性气质的刻板印象强化了不同性别在社会上的不平等性。女性虽然赢得了外出工作的权利，但是没有减轻她们做家务的负担。女性在职场中扮演着多重角色，但是在私人领域中从来没有退出，依然在承担着家务劳动常让她们感到力不从心，容易面临角色紧张与冲突，长期下来，压力、负面情绪得不到很好的疏导，导致自身心理健康出现问题。其实，心理健康比身体健康更重要。如何塑造良好的心理健康，是女性最应重视的主题。

据医学证明，人的心理健康受到诸多因素的影响，可综合归纳为心理的、生物的、社会的几个方面。心理因素包括紧张、冲突等，不加以调节，会变成心理疾病。生物因素包括身体健康原因，身体状况不佳往往使心理功能减弱；而被消极、悲观情绪所左右，容易诱发心理疾病。社会因素主要指社会环境方面的因素。在良好的社会环境下，人们生活、工作和谐有序，心理健康得以保障，而不良的社会环境会使人们心理上的混乱和冲突增加。而且疾病不一定完全由病菌引起，也会受心理因素和情绪影响。首先要有一个良好的心态，保持乐观的情绪。快乐使人健康，快乐使人长寿。生活处境、生活状况相同的人，乐观的往往健康快乐。因为乐观的时候，人体细胞比较活跃，免疫力不断提高，从而能够预防疾病，维护身体健康。其次要有良好的自我观念。有良好自我观念的人，能够自信地面对很多事情，包括好的与不好的事情；能够激发自己的潜能去解决事情；能够用积极的态度去面对遇到的困难，从而使自身的能力越来越强。再次，要有心存感激的心态。感激的心情与生活满足也有很大关系。一个积极的心态是一剂健康良药，也能以愉悦和创造性的态度走出困境，迎向光明。

心理健康可以减少疾病的产生，能够提高免疫力。温婉及其女员工承担着多重角色，面对多重角色的冲突与压力，不加以调节，容易使自己的心理被消极的情绪所左右，引发自身的心理疾病，长此以往，自身免疫力下降，精神备受摧残，久疾成病，而且心理上的疾病比起身体上的疾病更恐怖。在黄小月的指导下，温婉和女员工意识到自己的生理出现问题主要是因为自己的心理压力，通过放松自我，改变生活方式，来缓解自己的压力，塑造良好的心理状态，更好地面对生活中的种种压力；同时良好的心理也是家庭和谐的基础，应该得到足够的重视。

故事 **3**

女人会养，不会老

　　张梦今年 60 岁，退休老人，现在主要在家帮孩子们带带小孩，顺便做一些家务活。在张奶奶身上完全看不到 60 岁老人的样子，年轻时她就注意保养，非常看重养生，工作之余一直坚持运动，锻炼身体，经常与家人一起去爬山、旅游，心态也比较年轻，从不干涉年轻人的生活。张奶奶这么多年一直都坚持每天晚上泡脚，对食物有自己的一套烹饪方法，以五谷杂粮为主；同时在每一个时节，她都非常注意相适应的养生方法。对于自己的感冒、咳嗽等小毛病，张奶奶从来不吃药，都是通过补维 C 等进行缓解。实在很严重了，她才去医院。无论走到哪里，张奶奶都会带上一个保温杯，里面泡上点枸杞、大枣等。社区在去年组建了自己的舞蹈队，找到了张奶奶。张奶奶答应参加，并愿意担任领舞。与社区的姐妹们在一起三个月了，大伙的年纪都差不多，大家都很羡慕张奶奶有这样健康的身体，整个人同别人的气质都是不一样的。

　　有一天张奶奶发现舞蹈队的李奶奶连续好长时间都没有来排练，大家都不知道李奶奶是因为什么事情而突然间不来了。缺少了一个人，舞蹈排练出现了问题，不好继续下去，大家就复习了一下前面的舞蹈内容。张奶奶第二天买菜的时候遇到了李奶奶，见李奶奶一脸忧愁的样子，问道："小李，你怎么了，一脸惆怅的样子？""这不是这些天心里堵得慌，不知道为什么，脚也很痛，头也很痛。"李奶奶回答道。张奶奶说："什么事情想开些，心情好了，一切都会好了。你赶紧回来跳舞吧，老姐妹们都想你了呢。""嗯嗯，我昨天发现有人上咱们小区推销保健品，我差一点就买了。"李奶奶说道。张奶奶赶紧制止道："老姐姐，咱们还是谨慎些，这个保健品有好有坏。养生不仅仅只是靠吃些保健品，我们还可以通过食疗来解决，不能

太相信保健品了。""也是哦，好多人因为保健品出现了问题。"李奶奶边挑白菜边说道。"是的"，张奶奶说："现在的社会太复杂，科技太发达了，技术先进了，很多问题就会出现。我们现在吃东西、买菜都要注意哦，不然真的会出现健康问题。我们要想护发，可以吃小麦。小麦是生物素的良好来源，可以帮助预防白发、秃发，让头发闪亮健康。饼干可以护脑。经研究发现，适量的糖能提供大脑燃料，增进你的记忆力。护眼可以吃红薯。红薯中有丰富的维生素 A，可以增进视力，预防夜盲症，而且常食红薯对皮肤也有好处，但不适合正在减肥的人。护肺吃番茄。英国的研究发现，一星期吃超过三次番茄可以预防呼吸系统疾病。护心吃豆腐，其中的镁能帮助预防血液凝块和高血压，也能增加人体内的钙含量。护胃吃大蒜。国外研究发现，常吃大蒜的人，得胃病的几率比较低。通过饮食来调理身体，以清淡为主，少吃辛辣、油腻的食物。平日可多喝一些能帮助滋补的汤，少吃烧烤、火锅等，有效减少毒素的堆积。然后我们要经常多运动。运动所起到的养生保健效果，绝对有着不容忽视的威力。运动不仅可强身健体，还能有效减少便秘的发生，让身体血液循环更畅快，帮助维持健康与美丽。其次要多喝水。水虽算不上是什么营养品，但身体缺了它却万万不行。水不仅是身体运作所需的必须元素，还可以减少便秘的发生，起到很好的排毒养颜的功效。最后不要熬夜。现今社会随着生活压力的增加以及工作的需要，越来越多的年轻人养成了熬夜的习惯。熬夜会造成身体内肝脏的负担，使脏器得不到很好的休息，产生过多的毒素。这样综合下来，我们的身体才能棒棒的。"李奶奶说："我们现在就是运动太少了。最近我还帮我女儿带断奶的孩子，导致我睡眠质量都不好了。现在开始我要重新调整我的生活习惯了。"两个老人边聊边一起开开心心地买菜了。

　　经过李奶奶的事情后，张奶奶认识到社区中的许多老人缺乏养生知识和预防疾病的方法，于是向社区负责人反映。社区主办了一次养生为主的活动，为女性提供了一次社区体检，同时积极宣传现代的养生方法和疾病的预防知识，计划今后对妇女、儿童定期进行体检，同时也为老人提供上门服务，为其宣传健康知识。通过链接社区的资

第十章　妻子与健康

源，越来越多的人开始主动学习养生知识，包括正在上班的年轻人。张奶奶和舞蹈队的奶奶们还组建了养生知识宣传小队，自己现身说法，帮助更多的人正确选择养生。

议一议

文中的张梦（张奶奶）是一位退休老人，有自己独特的养生之道，通过身边的李奶奶发现大家缺乏养生方面的知识，盲目地去购买保健品，导致自身出现健康问题。她通过自己多年的积累，结合社区负责人为大家宣传养生的方式和疾病的预防知识，使更多人加入养生队伍中，有一个好的身体，在家庭中发挥自己的力量。

妇科疾病是女性健康的第一杀手，带给女性很大的安全隐患。为了避免妇科疾病的发生，需要对女性疾病进行预防。下面是对此问题的具体介绍：

第一，起居饮食习惯对于预防妇科疾病有着极大的帮助。在饮食方面，既要保持营养，又要注意不要过食油腻、刺激食物；另外还要注意休息，别熬夜，要早睡早起。这些生活习惯，对于调经和一些妇科疾病的恢复与治疗都是非常有帮助的。

第二，保持良好心态也很重要，可以有利于身体的健康。心理因素对于妇科病的影响也比较大。中医认为情绪紧张、工作压力大等状况非常容易伤及肝气，导致肝气郁结或者是肝阳上亢，引起月经失调、内分泌失调，甚至不孕症的发生。所以女性要注意劳逸结合，学会给自己减压，放松心情。

第三，注意私处卫生可以有效地预防各种妇科疾病的产生。私处的清洁工作是不容忽视的，一定要养成良好的卫生习惯，每天都应清洗私处，性生活前后更是要特别注意，最好让伴侣也一起清洗。含有中草药成分的凝胶，其中的黄檗、百部等具有清热、燥湿、收敛的作用，外洗可以起到防治外阴瘙痒等带下病的辅助作用，作为日常护理也是不错的选择。

第四，避免意外妊娠也可以避免妇科疾病的产生。如果发生了性生活，还是应该注意避孕，防止意外妊娠。有些女生去一些小诊所或不正规的医院就诊，容易发生盆腔炎、穿孔、药流不全、人流不全等，直接影响到以后的生

215

育。所以女性要学会爱护自己，增强自我保护意识，必要的情况下尽量使用避孕套。

第五，重视妇科检查也是避免妇科疾病的一种，提前进行检查可以更准确地知道自己的身体健康情况。已婚妇女由于性生活的增加，各种炎症的几率也会增加；40岁以后妇科肿瘤的发生也会逐年增加；另外到了更年期、绝经前后、尾绝经期会使更年期综合征和老年性阴道炎发生率增多。建议已婚妇女每年做一个常规妇科检查、一个宫颈防癌刮片以及盆腔 B 超，这样能早期发现一些妇科疾病，降低重症的风险。

（祝平燕　张　珍）

TA YU JIA

　　作为一名妻子，谁不想有自己的休闲时间。然而，工作中、家庭中的诸多事情让她们忙得焦头烂额，有时间去做自己喜欢的事情似乎成了奢望。缺乏休闲的妻子身心俱疲，生活变得毫无乐趣可言；不会合理休闲的妻子，也给工作和家庭带来了不良影响。

　　休闲对于妻子，不单单只是"玩"。会"玩"，有节制、健康地"玩"，才能"玩"出美丽人生。

运动让我更快乐

自从婆婆回了老家，又逢老公出差后，王静怡天天都觉得很累。每天早上她准时六点半起来帮助 4 岁的女儿起床洗漱，然后送女儿到幼儿园上学，再开车到公司上班，最后踩着上班点到了单位。

"静怡，你今天脸色怎么这么差?"同事林芳问道。"哎，昨天晚上没睡好。孩子有些发烧，家里就我自己看孩子，半夜起来给她倒水，擦汗，量体温，折腾到两三点，早上困得难受啊! 这不，脸还没洗呢!""你早上都没洗脸就来了? 哎呀，你带孩子辛苦得自己一点形象都没有了。""哪里顾得上形象呢，我天天睡眠不足，多睡一

分钟是一分钟，根本没有时间打扮自己。""你老公还没回来？""没有，他得出差一个月呢。""你婆婆呢，准备在老家待多久回来？"听同事提到婆婆的事情，王静怡心里就不高兴。

婆婆在家帮她带孩子有四个多月了，以前王静怡工作的地方离家有二三十公里，每天早出晚归，后来她跳槽到离家只有五公里的公司，本以为终于可以轻松了。谁知婆婆一听说她的新单位离家近，就招呼都不打回老家了。其实之前婆婆和王静怡说过要回老家，王静怡也跟婆婆说等她在新单位适应两周就让她回去。可是小姑子一给婆婆打电话，她就等不及立马收拾东西走了。王静怡这个气啊，还在堵着。

到了下班点，王静怡匆匆忙忙接孩子回家。晚上是她最忙碌的时间，每天要陪孩子做幼儿园的家庭作业、盯着孩子练习舞蹈、陪孩子看动画片或者到小区的儿童乐园玩等等。晚上十点半，给女儿讲完睡眠故事后，女儿终于入睡，每天只有这个时光是属于王静怡自己的。她打开手机看看朋友圈的新信息，看到有人晒出游的照片无比羡慕，看到有人在健身房大汗淋漓觉得也不错，然而自己每天除了上班就是带孩子，像一个陀螺转个不停，工作和家庭让她没有喘息的时间。什么时候能有自己的时间啊？什么时候能做些自己喜欢做的事情？想着想着，王静怡进入了梦乡。

　　8月是幼儿园的孩子们回家过暑假的日子，王静怡和老公商量后把女儿送回了奶奶家。静怡终于可以歇一口气过自己想过的日子了。"静怡，咱们下班后去打球吧？"林芳问。"好啊，好啊，终于不用弄孩子了，时间自由多了。""你呀，真是女强人，孩子基本上都自己带。其实，还是婆婆带轻松些。""嗯，是呀。我婆婆说了，月底她就带着孙女一起回来。"球场上的王静怡因为好久没有运动，不到十五分钟就累得汗流浃背、气喘吁吁。"静怡，你还是应该多运动运动。"林芳说道，"除了打球，还可以去练瑜伽或者骑行，这些运动对身体都非常有好处，建议你抽时间锻炼。""我都没有时间锻炼，老公加班，婆婆不在家，我就只能自己照顾孩子。我家那个小女子天天折腾我啊，有时能玩到半夜十点，然后还让我给她讲故事睡觉。

我经常晚上给她讲故事的时候自己就睡着了。""嗯，有了孩子，女人的确很辛苦。但是如果我们整天忙于家庭和工作，没有自己的休息时间，不去做些自己喜欢做的事情，时间久了就会身心疲惫，日子过得难免无聊。如果你觉得没时间的话，我建议你跟老公和婆婆商量下，不要总是你自己带孩子。""嗯，我试试。"

　　打完球回家的路上，王静怡看见一家瑜伽馆，透过窗户能隐隐看到里面有人在练习。她每次回家都会路过，曾经驻足了很多次，可一想起家中还有女儿，就匆忙走掉了。这次，她想起了林芳的话，女儿现在不在家，正是学习的机会。于是听完服务人员的介绍后她给自己报了一个半年不限次卡。王静怡开始每周三次练习瑜伽。在老师的帮助下，她慢慢地拉伸筋骨，调整呼吸，稳定情绪，身体变得灵活，心灵也觉得自由平和。周六的时候，王静怡还会去逛逛花卉市场。看到艳丽热情的玫瑰、粉色温馨的康乃馨、高雅清香的百合花，她会买好多插到花瓶中，既装扮了美丽的家，更点缀了她美丽的心情。经过一个月的运动，王静怡的心情变得舒畅，老公和同事都夸她气色红润了很多。精心打扮又自信的她，再也不像之前被孩子折磨得面黄肌瘦的中年妇女了。

　　婆婆和女儿的归来让王静怡既高兴又担心。起初，她没有告诉婆婆自己报了个瑜伽班，每次想去练习的时候总借口说加班。结果没半个月便被女儿说漏了嘴。"你去健身房加班？舍得花钱去运动？你看看村里的媳妇们哪有像你这样乱花钱的，谁家的媳妇不是在家看孩子，你这当娘的怎么不知道带孩子呢？""妈，"王静怡隐忍的泪水流了下来，"我那是锻炼身体，不是去玩的。您看我锻炼了一个月，脸色都没以前那么黄了，心情也好了很多。您在家自己就能把叶叶带得那么好，我挺放心的。""你不是去那玩的？"婆婆严厉地问道。"没有，我们上班的时候天天对着电脑不运动。练习瑜伽能舒展筋骨，提高免疫力的。""妈，静怡就是抽空去锻炼身体，以后可以更好地照顾您和闺女嘛。"站在一旁一直没说话的王静怡老公终于开口了。婆婆听了自己儿子的话觉得也有道理。"妈，你看，静怡上课的钱都交了，咱总不能浪费吧！让她周一到周五去一次，周六带叶叶上课的时候去一次好不？这样劳

烦您一天晚上自己看一会叶叶。"婆婆听后，想想静怡也不是那贪玩不要孩子的人，心中便同意了，但是脸上还是表现得很勉强。"嗯，好吧，但是不能拿加班的理由糊弄我，去锻炼直接说嘛。""妈，这个我错了，我给您道歉。"

　　和婆婆达成协议后，王静怡的日子更加多姿多彩。她还通过运动结交了几位好朋友，周末的时候会一起带着孩子出去逛街或者郊游。孩子们找到了新的小伙伴，而王静怡也找到了自我和生活中的新乐趣。不得不说，运动改变了王静怡，运动让她更加快乐！

　　王静怡作为一名普通女性，担任了母亲、妻子、儿媳、员工等角色，这些角色完全占据了她的时间，导致她除了工作就是孩子，没有自己的休闲时间。在没有婆婆和老公帮她分担照顾孩子的时候，她甚至没有时间洗脸、打扮自己，没有属于自己的时光，生活过得单调且疲劳。然而，我们的生活离不开休闲。

　　休闲是让人们从工作的紧张状态中超脱出来，能够以自己喜好的、感到有兴趣的方式去休息、放松和消遣，积极而自发地参加社会活动，自由地安排个人生活状态的总称。休闲对我们的生活有重要的影响。马克思曾认为"休闲是人的生命活动的组成部分，是社会文明的重要标志，是人类全面发展自我的必要条件，是现代人走向自由之境界的'物质'保障，是人类生存状态的追求目标"。

除了没有休闲时间外，王静怡还面临的一个问题就是婆婆与她休闲观念的不同。老一辈人可能认为当妈妈后就应该理所应当地照顾孩子，以孩子为重，不能整天忙于自己的事情，把孩子抛给父母。王静怡的婆婆认为儿媳妇休闲是"玩，不顾孩子"的观点难免偏颇。老年人的观点带有时代的特色，其实合理适度的休闲并不是贪玩的表现，而是女性缓解工作和生活中的压力、展示个性、获得自我肯定、陶冶情操以及提高身体素质的重要途径。在和父母沟通时一定不要隐瞒、欺骗，应该说明自己是培养合理的兴趣爱好，要同自己的爱人和公婆心平气和地协商，把会遇到的问题解决好，如孩子谁带，家务活怎么分工等等，然后制定出合理的休闲时间，做到既不影响家庭也能放松

自我。

　　从王静怡在休闲前后的明显变化可以看出是否休闲、选择何种休闲方式直接影响到女性的生活质量。先前王静怡没有时间洗脸、护肤，没有时间运动，每天都觉得很累，生活被家庭和工作占满，没有乐趣；之后她选择自己喜欢的瑜伽这种运动休闲的方式，兼有插花、郊游等休闲活动，在运动中增强身体素质，缓解压力，舒缓心情，陶冶情操，提高自我认同感，人际交往扩大了，日子不再单调乏味，变得津津有味。可见，妻子在生活中不能缺少休闲，只有"爱玩""会玩"，人生才会更美丽。

故事

刷刷刷，买买买，有用吗？

　　"都十二点半了，你怎么还拿着手机不睡呢？"李小红的老公张伟起夜时，发现老婆说准备睡觉快两小时了还在玩手机。"我再看会手机，马上就睡。""什么叫马上就睡？现在就关上！你天天晚上抱着手机看，刷朋友圈不停，晚上不睡，早上起床又困得要死，自己找罪受！"张伟气不打一处来。他立刻夺下胡小红的手机放到自己枕边，不让老婆拿走乱玩。

　　胡小红以前很少看手机。半年前，上大学的小姑子放假回来买了无线路由器后，家里的智能手机就能无线上网了，她渐渐地喜欢玩手机，看电视剧和短视频，刷朋友

圈，看周围的朋友晒娃、晒美食、晒美景，礼貌地点个赞，乐此不疲。晚上吃完饭闺女写作业的时候，她就拿个手机在那玩，感觉很不错，总比看电视吵到闺女强。不知不觉中，晚上她除了做饭洗碗，就只剩下玩手机了，拿起来就放不下，再也不出去遛弯了，有时甚至会玩到夜里一两点。

如今，她又爱上了网上购物。公司一起干活的那些小姑娘没事就喜欢在网上买东西，天天都能收个快递，快递一到乐得脸上开了花。"不就是买个东西，有啥可开心的，超市和商场不都有嘛"。"是，都有卖的，可是你平时哪有时间去买。周末你去逛街，闺女不也是跟你逛一会就累，还吵着闹着要东西，不让你买自己喜欢的。"李小红的好姐妹说道。"还有，网上的东西可便宜了。衣服、鞋子、水果啥的都比去店里便宜。你看我给孩子买了双鞋，才十几块钱，现在哪还有这么便宜的东西，穿呗，坏了再买新的，扔了也不心疼。况且，作为一个年轻人，不会网购会被笑掉大牙的！"胡小红觉得好姐妹说的有道理，于是她也下载了淘宝、拼多多等购物软件，开始给闺女网购衣服、鞋子，还有自己的衣服和护肤品、生活用品等。

　　"你怎么买了二十双袜子？你打算穿到什么时候啊？还有这些卫生纸都堆了一大摞了，多占地方。"张伟看着老婆买的一堆东西心有怨言。"这些都好便宜的，二十双袜子才十块钱；卫生纸前两天搞活动的时候买的，能省三四十块钱呢！咱家那么废纸，放着用呗。""你放在衣柜里的裙子还没拆标签，怎么又买新的了？你什么时候穿？""我哪个裙子没穿啊？"李小红疑惑道。"你过来看看，你这件裙子都压箱底了，你就知道买新裙子，也不管旧的有没有穿过，新的一来就把那些还没穿的堆里面了，光浪费钱了！"李小红看着丈夫手里拎着的一条白裙子，瞪了瞪眼，在脑袋里使劲搜索，也没想起来啥时候买的。她只能装着样子说："女人的衣服永远不嫌多，我明天就穿这个裙子。"张伟看着李小红，再看看家里到处堆的孩子玩了两天就扔到墙角的玩具，成包的不知道孩子什么时候用完的铅笔、橡皮、本子，她自己码数不对的鞋子，还有桌子上吃剩的还没扔的水果，觉得都是一堆鸡肋，费钱还没用。他愤怒地对李小红说："你自己看看，你到底买了多

少用不着的东西；你算算，你现在一个月花了多少钱！你再这样，家里成废旧物品回收站了，孩子也没钱报辅导班了！"李小红面对愤怒的丈夫，不知所措。其实上个月，她就发现自己好像一个月用在网购上的钱已经有四五千元了，远远超出了自己的想象。她还以为自己也就花了一千多元，不知不觉中花的比自己赚的还多。她这个月也曾经尝试少买，但是上班没事就喜欢看看东西，逛着逛着就买了。想改变"剁手"的习惯，似乎挺难。

一个月后就是购物狂欢节"双十一"了，李小红从现在就开始抱着手机挑选物品，去厕所的时候，坐公交车的时候，甚至帮闺女听写字词的时间都在看。到了十一月份，李小红开始熬夜挑选物品，天天都弄到夜里两三点才睡。张伟劝她赶紧睡觉，她嘴上答应着，手机关一分钟，又开始打开挑选物品加入购物车。10 号白天，她跟公司撒谎说不舒服请假，其实就想网购，不愿错过一年一次的省钱机会。晚上，她从凌晨一直奋战到 11 号中午，连早饭也不吃，老公气得带着闺女去外面吃。

一周后，张伟天天都能看到李小红拿着一两个快递回家，还是以前买的那些东西。周六，李小红不停地接电话，一趟趟去楼下收快递。"老公，你去帮我拿快递吧，我累了。"张伟不情愿地下楼，结果这哪是一个快递，大大小小有八个快递，他气呼呼地拿回家里，看见李小红收下还没拆的五个快递，这一天总共是十三个快递！他实在忍无可忍，对着老婆吼起来："你看看你整天在干嘛，一个网购节日，商家下的套，把你套得牢牢的，净买这些没用的东西。你前前后后买了得有二十样东西了吧，这十一月花了小一万了吧！""我这都是给家里省钱啊！我还给你买了不少衣服呢！"结婚这么多年来，李小红第一次见老公如此愤怒。"你买的那些东西，我不稀罕！你还省钱呢，你这就是败家娘们啊！我受够你了，你要是再这样，咱们离婚吧！"李小红吃了一惊，她没想到老公竟然因为她买东西想要离婚。"我不就是买个东西，你这么小气。"李小红开始大哭起来。闺女看到妈妈哭，也跟着哭了起来。张伟看着老婆和孩子哭了十分钟，心里难受，他说："老婆，我不是心疼你花钱，可是咱们得把钱花在刀刃上，不能总买一些没用的东西囤着，东西不用那就是浪费钱。咱买些

质量好的又不是很贵的。""嗯，好。"李小红呜咽着。"你天天抱着手机玩啊、网购啊，还熬夜，对身体也不好，还不如你以前晚上带着闺女去遛弯，周末逛逛公园、动物园呢。过日子，总不能天天抱着手机。""是啊，妈妈，你天天眼里只有手机没有我了。""好闺女，妈妈错了，妈妈以后少玩手机，多陪陪你。"李小红听到老公和闺女的话非常心酸。也许，她是时候该罢手了，日子总不能这样过下去吧。

议一议

　　智能手机的普及给人们带来方便的同时，产生了越来越多的"李小红"，天天抱着手机是他/她们的典型特征，网购、刷朋友圈、看短视频是他/她们的爱好，尤其是家庭成员中的妻子。女性一般不爱动，相对来说更喜欢室内休闲运动，健身、打球、登山等户外休闲运动很少参与，因此手机休闲成为女性最主要的休闲方式之一。

　　文中的李小红"为了便宜不论物品是否合适、有用"的网购行为是网络成瘾症。"喜欢占便宜"是网购成瘾中的一种典型心理，购物时产生的多巴胺给购物者带来的是愉悦感和快感，而对物品是否有用一点都不关心。这种不健康、不理智的休闲方式导致购物者越来越宅，不愿意参加社交活动，疏于照顾家庭；同时会给家庭带来巨大的经济负担，降低婚姻的幸福感，甚至导致婚姻解散。文中李小红的爱人对妻子日渐疯狂的网购行为从一开始的忍耐不言到最后的忍无可忍提出离婚，是众多家有购物成瘾者的丈夫的通常表现。

　　李小红认识到自己的疯狂行为后，知道再也不能总玩手机不理睬家人。首先她要戒除网购成瘾的行为。购买时，要列出自己常用的物品，树立"买多就是浪费"、适合的才是最好的观念，从而逐渐减少网购的数量。其次，根据自己的时间和爱好，选择健康的休闲方式。现代社会，休闲方式种类繁多，有消遣娱乐类，如看电视电影、K歌、闲聊等；运动休闲类，如跑步、打球等；社交活动类，如走访亲友、聚会等；旅游观光类，以及追求自我发展类等等。可以根据自己的社区资源和个人爱好，选择更多有利于自我发展、改善心情的运动休闲方式，如第一个故事中的王静怡选择了离家较近的瑜伽馆学习瑜伽来作为日常的休闲方式。最后，最关键的是休闲有度。休闲本来就是娱乐身心的，一旦毫无节制影响到工作和家庭，便失去了原有的意义。除了网购成瘾，还有刷短视频成瘾、盲目攀比消费、打牌赌博等都是过度的休闲行为，失去了休闲本来的意义。只有节制休闲，才能有益身心。

（王甜甜）

TA YU JIA

　　家风，对于我们来说不是一个"看不见摸不着"的词语，而是体现在我们每天工作、生活的一点一滴中。现代家庭结构的巨变，使很多家庭忽视了家风的建设；子女缺乏家风的熏陶和良好的家教，甚至行为产生偏差。

　　好的家风能影响家庭几代人的成长。我们提倡在家庭中树立良好家风，发挥妻子在家风家教中"能顶半边天"的作用。最重要的是夫妻双方应及时、有效地沟通，这样才能共同建设良好的家风。

我们家的传家宝

　　“妈妈，我们家的家风是什么？”面对儿子的提问，王珍陷入了疑惑。家风，是一个家的风气吧，看不见也摸不着，不太好解释，还是让老公讲吧。“孩子她爸，你是一家之主，你给咱儿子讲讲咱家的家风是什么，讲讲咱家家风的故事。”“好啊”，高宇回忆起儿时父母勤劳能干供养他们姐弟 3 人上学的日子，说道：“咱家的家风总结起来就是勤劳能干、自立自强，这是咱们家的传家宝”。接着，高宇慢慢给儿子讲起家风的故事。

　　小时候爸爸家里很穷，但你的爷爷奶奶在整个村里是出了名的勤劳能干，他们一直努力改变生活的贫苦，相信通过自己的勤劳能干能让日子好起来。以前村里种地的时候，爷爷奶奶是整个村庄最早去地里劳作的，晚上也是很晚才回来。后来，村里的人都开始去县城打工干活，他们也开始每天早出晚归去干体力活，成为第一代农民工中的一员。

爸爸九岁的时候，有次你爷爷在工地干活时，从房顶上不慎摔了下来，背上打了好多钢钉。你爷爷着急赚钱养家，在家只休息了三个月就跑去工地干活了，因为休息的时日少，再加上活累，爷爷的背就再也直不起来了。驼背之后的爷爷干不了重活，也没有什么技术，只能给人家打打下手，每天赚的工钱比以前少了很多。"怪不得爷爷的背总是弯弯的，直不起来。"

你爷爷驼背后，家里的农活累活都落在了奶奶的肩上，她用瘦弱的肩膀扛起了男人们的活。虽然苦和累，但奶奶咬起牙关坚持到底，始终不向你的老爷爷张口说帮忙。你老爷爷偏心，去帮你不爱干活的三爷爷家，也不帮咱家。你奶奶经常给我们说："人活着就是要争一口气，别人看见还不帮你，你自己就得坚持到底，不向别人张嘴让人家帮你。"我们姐弟 3 人看到爸妈那么辛苦，都很自觉地到地里干农活。爸爸上初中的时候就和你上小学的叔叔蹬着三轮车，驮着花生去县城里卖。县城的人看见我们两个小孩都觉得很稀罕，纷纷来买我们的花生，夸我们这么小就懂得为家里分忧解难。"爸爸，你这么小就会卖花生了，好厉害啊!"

后来，你奶奶总觉得种地花费时间多，还不赚钱，就开始尝试种白萝卜、西瓜、桃树等经济作物。经过不断探索和总结，最后觉得种莲藕最合适。莲藕成熟时间短，基本不用人照顾，经济价值也高。于是，你爷爷和奶奶很快挖了莲藕池，种上了几亩莲藕。莲藕好种，关键在于难挖，只能人工一节节挖出来。春节是莲藕价钱最好的时节，于是爷爷和奶奶顶着寒风，天没亮就出门，中午回家匆匆忙忙吃点面条就又去地里，晚上披星戴月才回来。不种地的日子，爷爷和奶奶仍然去县城建筑工地干活。他们一整年从年初到年尾都不休息，只有夏天最热的时候，才歇个三四天。

一年又一年过去了，家里的日子渐渐好转。爸爸上高

中的时候，爷爷家盖起了新房子，很多砖还是去城里捡的。虽然家里赚的钱比村里其他人都多，但还是家徒四壁，沙发是捡的，电视机也没买，家里的钱都供我们仨上学了。全村就咱家有两个研究生和一个大专生。我们姐弟仨深知父母赚钱不容易，上学期间都利用业余时间勤工俭学自己赚学费。大二那年，你爸爸我暑假的时候去给人家搬家具挣生活费，肩膀上是一道又一道红印；读研的时候做了三年家教，没有向你爷爷奶奶要一分生活费。"老公，爸妈供你们上学真是不容易。你们也是很争气，没有辜负父母的期望。"王珍含着泪水说道。"爸爸，你好棒啊！"

"老公，你工作勤奋努力就是深受爸妈潜移默化的影响。""是啊，我深知勤奋读书才能改变命运，独立自强才能过上好日子。如今，我们姐弟仨通过自己的努力都在大城市工作并买房，日子比在县城的堂弟堂哥过得都好，父母在村里终于扬眉吐气。今后咱俩还要把咱家的家风传给下一代，成为咱家世世代代的传家宝！"

议一议

　　好的家风是一个家族代代相传的传家宝。家风是一个家庭风貌的体现，是"一个家族代代相传沿袭下来的体现家庭成员精神风貌、道德品质、审美格调和整体气质的文化风格"。文中高宇家的家风由父母一代沿袭而来。对于生活的贫苦，高家父母不怕苦不怕累，自食其力，不轻易向人求助，认为人活着就要争一口气，做事要坚持到底；对于子女的教育，他们将辛苦赚的钱都投资到子女的教育中，努力供养孩子读大学。这些道德品质、价值观便是高家家风的外在表现。

　　高宇父母早出晚归，不怕苦不怕累、重视子女教育的家风家教让自己家庭逐渐脱贫，盖上了新房子。孩子们自小也受到父母无形的影响，通过帮家里卖花生、去地里干农活来帮助父母减轻家庭负担。长大成人后，高宇一辈彻底走出农村，成为白领阶层，通过自己的奋斗过上了幸福的生活。由此可见，良好的家风和家教是一个家庭必不可少的成分，每个家庭成员受益终身。对子女的人格塑造，也是一种无形的教育。

　　如今，家庭结构发生了重大的变化，由从前的父母子女兄弟姐妹共同居住的联合家庭、主干家庭转变为核心家庭。家庭成员的沟通方式也被手机、网络所侵占，交流减少、不畅等影响了良好家风的建设，很多家庭也忽视了家风建设。

　　社会是由家庭组成的。如果每个家庭都能有良好的家风，我们的社会风气也会越来越好，正确的价值观被倡导，社会道德会逐渐提高，中华民族的精气神能够得以发扬光大。良好的家风建设在任何一个时代都需要提倡。

好妻子传家风

　　"郑轩，快把你碗里那些米吃了！别天天剩饭。""妈妈你是不是又要说'谁知盘中餐，粒粒皆辛苦'了？这句诗你都念叨了好几遍了。"听着儿子郑轩的话，吴悠觉得天天说教也不是个办法，她眼珠一转说："你要是能做到天天不剩饭，妈妈过两个月带你出去游玩""好啊，我保证不剩，吃多少盛多少。妈妈，你要遵守承诺啊！"郑轩低着头把碗里的饭很快就扒拉干净了。

　　周末，吴悠让儿子在家练习字帖。"妈妈，我肚子疼，拿不住笔。""你昨天还没事呢，今天咋疼了，让妈妈摸摸。"摸着儿子的肚子，吴悠也没发现异常，但儿子嚷

嚷着哪都疼。吴悠猜到儿子准是又不想练习，开始编造理由，说道："那就去卫生所给你打针吧，一针下去准不疼。"说完只见儿子立刻站起来说："妈妈，我肚子不疼了，你给我拿笔吧。""下次你自己拿笔，不能总让我帮你。"过了一会，儿子说练完了，然后拿给吴悠看。吴悠看着这些歪歪扭扭的字，说道："你就没好好练。你看这几个字还少一笔没写完，你都没有静下心来，只想偷懒，重写！"儿子不情愿地写了一页，吴悠又打了回去，写到第四页他才终于静下心一笔一画地写。"嗯，这页可以，再来一页。继续加油，以后写好了跟你舅舅和姥爷比比谁的字更好。""姥爷的字那可真是好看，舅舅的毛笔字都是给人家写春联的，我长大了也比不上。""只要你有耐心、坚持每天两篇，肯定能把字练好。以后妈妈陪你一起练，把姥爷家一手好字的风气传下去！"

两个月后，为了兑现儿子不剩饭的承诺，吴悠和老公带着儿子去农村"游玩"。"儿子，今天咱们来做点以前没做过的事情——插秧！""好啊，好啊。"郑轩兴奋地喊道。"儿子，让农民伯伯教你怎么插秧，然后爸爸和你一起插，咱们一人一排。"郑轩学习后，穿好靴子，拿着秧苗弯腰开始在水田里插秧。插了几棵后，他发现不是高了就是低了，或者是歪歪斜斜的，还有蚊子飞来飞去咬他。干了二十分钟，郑轩就感觉腰酸得直不起来，头顶上火辣辣的太阳快把他烤焦了。"爸爸，我又累又热又痒，得歇会。""好吧！""儿子，知道妈妈为什么不让你剩饭了吧，这一粒粒米都是辛辛苦苦种出来的，付出了很多汗水和劳动。""妈妈，我知道了，以后再也不剩饭了！"

北方农村的冬天特别冷，吴悠主动把在老家的婆婆接来过冬。说起这个婆婆，并不是她的亲婆婆，而是她老公的后妈。这个婆婆对吴悠的老公根本不关心，不教不养，还是吴悠的大姑子把弟弟照顾长大。吴悠结婚时，婆婆什么礼物都没有送小两口，生孩子时就来了三天，也不像其他婆婆那样帮忙带孙子。即使这样，吴悠还是坚持把婆婆接来。她天天变着花样给婆婆做合口的饭菜，还给婆婆买来漂亮的冬衣。婆婆有时说她几句，她也不拌嘴，总是笑呵呵的。一个冬天过去了，在吴悠的照料下，婆婆一次感冒都没有。回去的时候，婆婆恋恋不舍地向街坊邻居夸这

个儿媳妇。吴悠的老公说道："你不用对她那么好，她也不是我亲妈。"然而，吴悠明白，如果自己不能好好孝顺婆婆，以后如何跟儿子谈孝道，如何让儿子懂得孝顺父母。孝顺老人的家风是需要用行动而不是用嘴来教育儿子的。

"老婆，快来看我给你带了个好东西。""啥呀，还神神秘秘的。"吴悠过去一看，一块手表，做工精美。"你给我买的？多少钱啊？""我也不知道，不是买的，别人买来后觉得不合适送的。"吴悠看着眼前崭新的表，心想这表估计得两三千，不合适肯定换啊，谁舍得送呢，这肯定不对劲。"是不是别人给你送的新的？快还给人家！咱不收别人的东西""哎呀，我从网上查过了，也就两三千。没多少钱，不会被人发现的。""这东西咱不能收。别人有困难，咱们该帮的尽力去帮。但东西，坚决不能收！""其他同事也有收的，这点小东西怕啥。""你可别这么说，东西不分多少，收了就是收了，你现在收的小以后就可能收的大。你看电视上，多少人都是从小东西开始一步步迈向了深渊，教训可都摆在那呢。"吴悠的老公看老婆那么坚决，想想以后的路还长，"好吧，我给人家还回去。""老公，你虽然只是一个企业职员，权力也很小，但是我们的工作和生活作风务必要坚持住原则，抵得住诱惑啊！咱们不做那种收礼的人啊！""老婆说的有道理，我大意了，不能因为贪小便宜而失去做人的风骨。"

　　在吴悠的悉心教导下，儿子郑轩的字越来越端正大方，在班级里数一数二。对待邻居，他彬彬有礼，还热心帮助班上的同学，母亲节还买花送给吴悠。街坊邻居都夸他"孝顺，有教养"。吴悠的老公也保持"风清气正"的工作作风，打败了之前作风有问题的人员，评上了先进个人。吴悠知道，作为一名妻子和母亲，在孩子的成长中起着不可替代的作用，在爱人的工作和生活中也要互相扶持、彼此监督。只有通过自己的言传身教，才能将一个家庭良好的家风和家教传承下去。在这个过程中，妻子的力量不可忽视！

议一议

　　印度女教育家卡鲁那卡兰说过："教育一个男人，受

教育的只是一个人；教育一个女人，受教育的是几代人。"我国古代有"孟母三迁""岳母刺字"的故事，由此可见女性在一个家庭的家风和家教中发挥着重要的作用。

女性在家风家教的建设中也有独特的作用。女性结婚后担任妻子、母亲、子女的角色，在家庭中承担了大部分照顾子女和上一代人的职责。子女对母亲有天生的依赖感、亲密感，其成长中价值观、人生观深受母亲的影响。女性在家风的建设和传承中有连接上一代和下一代的纽带作用，同时又能将"娘家"和"夫家"的优良家风家教相结合并传承下去。文中吴悠要照顾儿子的饮食起居，辅导孩子的作业等。在孩子的成长中，她注重提高孩子的综合素质，教导孩子练字、珍惜粮食等，把自己"娘家"传下来的好家风融入"夫家"中。经过吴悠的辛勤教导，儿子郑轩节俭、孝顺，逐渐继承了良好的家风家教。

在家风家教的建设中，女性应采用合理的方式方法。文中吴悠在教育儿子节约粮食时，开始是用传统的说教方法，时间久了引起儿子的反感。后来她和丈夫用直观深刻的劳动来体检粮食的由来，让儿子明白每一粒米都是辛苦得来的。同时，她不计前嫌，悉心照顾婆婆，以"言传身教"的方法，教育儿子孝顺长辈。家风的建设有时不是刻意为之，很多时候都是"随风潜入夜，润物细无声"，无形地浸润并影响着家庭成员的价值观。

　　家风建设中妻子与丈夫应该互相监督，尤其是在廉洁家风的建设中。古人曾言"妻贤夫祸少，妻贪夫招罪"，作为一名妻子应看好家庭的后院，拒绝小恩小惠，防微杜渐，提高防腐拒变的能力。文中吴悠面对他人送给丈夫的手表，意志坚定，坚决不收，和老公讲道理，做人要有原则，工作作风要正派，发挥了妻子的重要作用。

3

养不教，谁之过？

　　一大早，冯萌叫儿子起床上学，可他磨叽了半个小时才起来。"妈妈，快帮我穿衣服，要迟到了！"冯萌听见后迅速给儿子穿好。这时，冯萌的老公看见了说道："他都八岁了，你怎么还给他穿衣服，干脆你替他上学得了！""孩子上学辛苦，早上多睡一分钟是一分钟。他自己穿得慢，我给他穿得快，要不然他要迟到了。""你就天天惯着他吧，都上学了连衣服都穿不利索！"冯萌也没时间理会老公，跟打仗似的把儿子的书包和早饭打包好，匆匆忙忙地送他去上学。

　　说起冯萌家的这个宝贝疙瘩，全小区有名。乱按电梯，追着狗玩，坐着秋千怎么也不肯让别人等等，没有他不干的事。冯萌在别人面前只说孩子小、太淘气，从来不舍得批评他。她这个儿子来得太不容易。之前冯萌怀过一个孩子，可惜不到三个月就流产了，她又是喝药又是打针，过了五年才有了这个宝贝儿子。他要什么，冯萌就给什么；他想干啥就干啥；吃的喝的用的，冯萌一律给他买最好的，要么是进口的，要么就是国产名牌。每次儿子写完作业，冯萌总是给他收拾文具和书本，可谓是"无微不至"。

周六下午，冯萌带着儿子去商场玩游戏。一回到家，儿子迫不及待地拿出鸡腿啃。爷爷看见了，笑眯眯地对孙子说："乐乐，你这大鸡腿能给爷爷尝尝吧？""这是我妈买的，我才不给你呢！""之前你妈妈不在家的时候，爷爷不也给你买过鸡腿吗？你不给爷爷吃，下次爷爷也不给你买了。""不买拉倒，反正就不给你吃。"冯萌对儿子说："买了那么多，给你爷爷拿一个。""我不给。""那以后妈妈也不给你买了。"儿子一听，拿着自己啃了一半的鸡腿直接丢在了爷爷身上，"给你！"冯萌的老公看见后，冲着儿

子大声吼道："你这是干啥，给我滚！滚出这个家！"儿子吓得瞬间就哭了起来。冯萌心疼地说："你吼啥？你对儿子大吼大叫，把他吓到了！""他这个没良心的，竟然直接拿东西扔到爷爷身上！"说完他抓起哭闹的儿子，冲着屁股狠劲打了几下。冯萌夺过儿子说："你这个当爹的，要么不管孩子，要么对孩子大吼大叫，整天只顾着自己喝酒，根本就不配当爹！""你这娘当得好！他干的坏事还少吗？楼下林林的爸爸都找我来了，说他故意往人家姑娘头发上泼汽水！这事我还没给他算账呢！现在胆子大得往爷爷身上扔吃的！爷爷天天送他上学放学，给他买吃的，竟然换来这个结果！""孩子也不是故意的，他就是跟爷爷玩啊。你呢，怎么就不能好好跟孩子说话！""他都出格了，怎么好好跟他说？心里根本就没大没小，再不吼两句，下次就敢打爷爷了！"这时，沉默很久的爷爷终于说话了："你们两口子啊，都有错。当爹的不管孩子，当妈的又惯着孩子，两人还当着孩子的面吵架，咋就不能一起使劲教育孩子啊！"

晚上，冯萌和老公还在互相生气，两人以前就因为儿子的教育问题经常吵架。冯萌还是觉得心里委屈，丈夫从来不管孩子的学习，其他生活方面也是管教极少，管起来两人也总是吵得不欢而散。她在床上翻来覆去，想着还是应该和老公商量怎样管教孩子，她拍拍老公。"咋了？""老公，咱俩以后无论有多大的气，都控制下，别在孩子面前吵。""嗯，尽量吧。""老公，你能不能多管管儿子？他还是怕你的。有时我管不住他，你好好跟他讲话，他还听得进去一些。""这孩子就得一个人管，我管了你又不满意。像今天你又带着他在商场乱花钱，我早就看烦了，说了你两次，你还跟我吵，我还管他干啥。"说完，冯萌的老公扭过脸睡了，两人的沟通不欢而散。

又是一个周末，冯萌带着儿子去楼下玩。她听见背后有人小声说"那个熊孩子跟熊妈妈又出来了，咱们躲远点"。"就是，就是，孩子不懂事，家里也不管，一家子没教养。""可不是嘛，听说上次小孩往小姑娘身上泼汽水，这当妈的非但不批评，还把小姑娘家骂了一顿。""哎哟，一家子真是没有好风气，上梁不正下梁歪。"冯萌听得脸一阵红一阵白，她没想到自己眼中的宝贝儿子竟然成了没

有教养的孩子，自己的家庭竟然成了没有好风气的家庭。她忽然想起那天晚上爷爷说的"一起使劲教育孩子"，她一直在使劲啊，可是丈夫呢，却是很少管教，或者就是恐吓打骂儿子。俗话说"养不教，父之过"，这是当爹的责任啊！可全都是爸爸的责任吗？好像也不是，两人应该都有责任吧！怎样把儿子培养成人见人爱懂事的孩子，怎样把自己家的风气扭正过来，冯萌陷入了深深的思考中。

议一议

家风是由长久的家教逐渐积淀而成的。家庭是孩子的第一任学校，父母是孩子的第一任教师，家教家风的建设需要夫妻双方共同努力。

冯萌家家教家风的建设中出现了一系列问题。首先，对于家教家风不重视。如文中冯萌一家对于家风是什么都不了解，也没有思考自己家的家风是什么，怎样去发扬光大。第二，父亲或者母亲某一方的缺失。现代社会，女性更多的承担照顾和教育子女的角色；父亲工作繁忙，疏于教育子女，甚至存在着很多"隐形父亲"。像冯萌家中，父亲对儿子教育较少，只有"慈母"没有"严父"的教育导致儿子越来越成了"小霸王"，依赖性较强，独立性较差。第三，夫妻在家教家风的建设中教育观点不一致。冯萌的老公非常反对冯萌给孩子买东西，认为这是乱花钱，冯萌却不这样认为。对于老公提出的不一样的教育观点，她也没有认真考虑、好好沟通，导致夫妻争吵，影响夫妻关系。

那么，家风应该怎样建设呢？应该怎样教育孩子呢？冯萌可以从以下几个方面考虑：第一，思考并制定出自家的家风。文中冯萌家可以树立独立自强、善待他人、孝顺老人等优秀的道德品质。第二，夫妻双方应提高自身的综合素质。美国作家珍妮·艾里姆说过："孩子的身上存在缺点并不可怕，可怕的是作为孩子人生领路人的父母，缺乏正确的家教观念。"冯萌在儿子惹事的时候处处袒护自己的孩子，非但不指出孩子的错误还怪罪别人，是错误的教育方式。父母在教育子女中要树立正确的教育观，规范自身的行为规范，这样才能更好地帮助孩子去除掉坏习惯、改掉坏毛病。如果作为父母自身素质低下，又怎样才

能培养出优秀的子女？最后，夫妻要齐心，朝着一个目标共同努力，才能更好地有助于子女的健康成长和家庭的幸福。文中，面对儿子往爷爷身上扔鸡腿的局面，丈夫不和孩子沟通，而是大声呵斥他。冯萌和丈夫吵架也是沟通失败，这些都不利于孩子的教育。当夫妻在教育方面出现分歧时，可以采用谁先固执谁先教育孩子，事后一定要互相沟通，提出各自的观点，达成共识，不要当面揭短、互相指责，不要在子女面前吵架。只有夫妻同心，才能更好地建设家庭，树立良好的家风。

（王甜甜）

图书在版编目(CIP)数据

今天如何做妻子/祝平燕,黄珍伲,张珍编著. —
上海:学林出版社,2019.1
(她与家系列)
ISBN 978 - 7 - 5486 - 1492 - 0

Ⅰ. ①今… Ⅱ. ①祝… ②黄… ③张… Ⅲ. ①夫妻-
女性心理学-通俗读物 Ⅳ. ①C913.11 - 49②B844.5 - 49

中国版本图书馆 CIP 数据核字(2019)第 034264 号

责任编辑 胡雅君
封面设计 张志凯

她与家系列

今天如何做妻子

祝平燕 黄珍伲 张 珍 编著

出 版 学林出版社
　　　　　(200235 上海钦州南路 81 号)
发 行 上海人民出版社发行中心
　　　　　(200001 上海福建中路 193 号)
印 刷 上海盛通时代印刷有限公司
开 本 787×1092 1/32
印 张 8.625
字 数 13 万
版 次 2019 年 1 月第 1 版
印 次 2019 年 1 月第 1 次印刷
ISBN 978 - 7 - 5486 - 1492 - 0/G・565
定 价 48.00 元